智能建筑与建筑施工

李日红　丁轲　曹歌　著

延边大学出版社

图书在版编目（CIP）数据

智能建筑与建筑施工 / 李日红，丁轲，曹歌著. --
延吉 ： 延边大学出版社，2023.4
ISBN 978-7-230-04789-0

Ⅰ. ①智… Ⅱ. ①李… ②丁… ③曹… Ⅲ. ①智能化
建筑－建筑施工 Ⅳ. ①TU18

中国国家版本馆CIP数据核字(2023)第070668号

智能建筑与建筑施工

著　　者：李日红　丁　轲　曹　歌
责任编辑：王治刚
封面设计：文合文化
出版发行：延边大学出版社
社　　址：吉林省延吉市公园路977号　　邮　　编：133002
网　　址：http://www.ydcbs.com　　E-mail：ydcbs@ydcbs.com
电　　话：0433-2732435　　传　　真：0433-2732434
印　　刷：天津市天玺印务有限公司
开　　本：710×1000　1/16
印　　张：12
字　　数：200 千字
版　　次：2023 年 4 月 第 1 版
印　　次：2024 年 6 月 第 2 次印刷
书　　号：ISBN 978-7-230-04789-0

定价：58.00元

前　言

信息技术的飞速发展，极大地促进了社会生产力的发展，人们的生产、生活方式日新月异。城市化进程的加快，促使大中型城市逐渐掀起建筑智能化的热潮，对此，为了有效保障建筑施工质量，需对智能建筑施工进行研究。建筑智能化是一项系统性很强的综合工程，它将建筑、通信、计算机网络和监控等各方面的先进技术相互融合，集成为最优化的整体，向人们提供高效、安全、便捷、节能、环保、健康的建筑环境。要想实现建筑的智能化发展，必须采用先进的技术手段和施工工艺，加强对施工质量的控制，深入剖析影响施工质量的因素，并制定科学可行的措施，从而保证建筑工程施工质量，更好地满足人们对建筑的要求。

智能建筑的发展过程是不断丰富传统建筑功能和内涵的过程，其生命力在于建筑技术和管理理念一直处于不断演变中，这种演变体现了人们对建筑和自身生活条件越来越高的要求，同时也在不断地推动着传统建筑业的发展。

本书共七章。第一章介绍了智能建筑的基础知识，第二章讲述了智能建筑的系统配置，第三章对智能建筑施工的阶段与技术进行了概述，第四、五章则分别论述了建筑装配式施工和建筑绿色施工，第六、七章分别对建筑施工质量控制和建筑施工安全管理的相关内容进行了阐述。

本书由金华广电网络技术有限公司高级工程师李日红、南阳师范学院工程师丁轲、曲阜市住房保障和房地产发展事务中心高级工程师曹歌撰写，其中第一、二及第三章内容由李日红负责撰写，约 8 万字；第四、六章及第七章内容由丁轲负责撰写，约 7 万字；第五章内容由曹歌负责撰写，约 5 万字。本书内容翔实、条理清晰，可供建筑施工人员及建筑工程专业学生学习和参考。

在撰写本书的过程中，笔者参考和借鉴了其他学者的相关资料，在此深表感谢。由于时间仓促、水平有限，书中难免有不足之处，敬请广大读者和专家批评、指正。

笔者

2023 年 1 月

目　　录

第一章　智能建筑基础知识

第一节　智能建筑概述

一、智能建筑的概念

智能建筑是指利用系统集成方法，将智能型计算机技术、通信技术、信息技术与建筑有机结合，通过对设备的自动监控，对信息资源的管理和对使用者的信息服务及其与建筑的优化组合，所获得的投资合理、适合信息社会知识经济发展需要，并且具有安全、高效、舒适、便利和灵活特点的建筑物。《智能建筑设计标准》（GB 50314—2015）对智能建筑的定义是“以建筑物为平台，基于对各类智能化信息的综合应用，集架构、系统、应用、管理及优化组合为一体，具有感知、传输、记忆、推理、判断和决策的综合智慧能力，形成以人、建筑、环境互为协调的整合体，为人们提供安全、高效、便利及可持续发展功能环境的建筑”。AIBI（美国智能化建筑学会）对智能建筑的定义是“将结构、系统、服务、运营及其相互联系全面综合并达到最佳组合，所获得的高效率、高功能与高舒适性的大楼。”

智能建筑的基本内涵是：以结构化综合布线系统为基础，以计算机网络系统为桥梁，综合配置建筑物内的各功能子系统，全面实现对通信系统、办公自动化系统、建筑内各种设备（空调、电梯等）的综合管理。智能建筑的优势集中体现在系统、管理以及服务等多个环节，通过对以上环节的优化，营造安全、便捷、舒适而且高效的生活环境。智能建筑的基础是科学布线，计算机技术只是其实现科学布线的手段。在计算机技术的应用下，可以完成多个系统的综合配置，继而对建筑内各个设备形成全方位管理。

二、智能建筑的系统构成

智能建筑是楼宇自动化系统、通信自动化系统和办公自动化系统三者通过结构化综合布线系统和计算机网络技术的有机集成，其建筑环境是智能建筑的支持平台。

（一）楼宇自动化系统

楼宇自动化系统的功能是调节、控制建筑内的各种设施，包括变配电设施、照明设施、通风设施、空调、电梯、给排水设施、消防设施、安保设施、能源管理设施等，检测、显示其运行参数，监视、控制其运行状态，根据外界条件、环境因素、负载变化情况自动调节各种设备，使其始终处于最佳运行状态。另外，该系统还可以自动监测并处理诸如停电、火灾、地震等意外事件，自动实现对电力、供热、供水等系统的使用、调节与管理，节约能源，从而保障工作或居住环境既安全可靠，又舒适宜人。

楼宇自动化系统按建筑设备和设施的功能不同，可划分为十个子系统：

（1）变配电控制子系统（包括高压配电、变电、低压配电、应急发电等），主要功能有监视变电设备各高低压主开关动作状况及故障报警，自动检测供配电设备运行状态及参数，监理各机房供电状态，控制各机房设备供电，自动控制停电、复电，控制应急电源供电顺序等。

（2）照明控制子系统（包括工作照明、事故照明、舞台艺术照明、障碍灯等特殊照明），主要功能有控制各楼层门厅及楼梯照明定时开关、控制室外泛光灯定时开关、控制停车场照明定时开关、控制舞台艺术灯光开关及调光设备、显示航空障碍灯点灯状态及故障警报、控制事故应急照明、监测照明设备的运行状态等。

（3）通风空调控制子系统（包括空调及冷热源、通风环境监测与控制等），主要功能有监测空调机组状态、测量空调机组运行参数、控制空调机组的最佳开/停时间、控制空调机组预定程序、监测新风机组状态、控制新风机组的最佳开/停时间、控制新风机组预定程序、监测和控制排风机组、控制能源系统工作的最佳状态等。

（4）交通运输控制子系统（包括客用电梯、货用电梯、电动扶梯等），主要功能有监测电梯运行状态、处理停电及紧急情况、提供语音报名服务等。

（5）给排水设备控制子系统，主要功能：监测给排水设备的状态；测量用水量及排水量；检测污物、污水池水位及异常警报；检测水箱水位；过滤公共饮水，控制杀菌设备，监测给水水质；控制给排水设备的启停；监测和控制卫生、污水处理设备运转及水质；等等。

（6）停车库自动化子系统，主要功能有出入口票据验读及电动栏杆开闭、自动计价收银、泊位调度控制、车牌识别、车库送排风设备控制等。

（7）消防自动化子系统，主要功能有火灾监测及报警，各种消防设备的状态检测与故障警报，自动喷淋、泡沫灭火、卤代烷灭火设备的控制，火灾时供配电及空调系统的联动，火灾时紧急电梯控制，火灾时的防排烟控制，火灾时的避难引导控制，火灾时紧急广播的操作控制，消防系统相关管道水压测量等。

（8）安保自动化子系统，包括门禁系统、闭路电视监控系统、防盗报警系统和防灾报警系统。门禁系统的主要功能有刷卡开门、手动按钮开门、钥匙开门、上位机指令开关门、门的状态及被控信息记录到上位机中、上位机负责卡片的管理等。闭路电视监控系统的主要功能有电动变焦镜头的控制、云台的控制、切换设备的控制等。防盗报警系统的主要功能：探测器系统在入侵发生时报警；设置与探测同步的照明系统；巡更值班系统；栅栏和振动传感器组成的周界报警防护系统；砖墙上加栅栏结构，配置振动、冲击传感器组成的周界报警防护系统；以主动红外入侵探测器、阻挡式微波探测器或地音探测装置组成的周界报警防护系统；隔音墙、防盗门、窗及振动冲击传感器组成的周界报警防护系统等。防灾报警系统主要功能有煤气及有害气体泄漏检测、漏电检测、漏水检测、避难时的自动引导系统控制等。

（9）公共广播与背景音乐系统，主要功能：背景音乐；用软件程序控制播音；可根据需求，分区或分层播放不同的音响内容；广播、背景音乐及扬声器线路检测功能；紧急广播和背景音乐采用同一套系统设备和线路，当发生紧急事故（如火灾）时，可根据程序指令自动切换到紧急广播工作状态；火灾报警时，可进行报警层与相邻上下两层的报警广播；提供任何事件的报警联动广播；手动切换的实时广播；等等。

（10）多媒体音像系统，包括扩声系统、会议声频系统、同声传译系统、立体声电影放声系统、视频点播系统等。扩声系统的主要功能是增强自然声源（如唱歌、演奏、演讲等）的声音信号，提升听众的声压级，使远离声源的听众也能清晰地听到声源发出的声音。会议声频系统由主席机（含话筒和控制器）、控制主机和若干部代表机（含话筒和登记申请发言按键）组成，大型国际会议系统由数字会议网构成。同声传译系统是将一种语言同时翻译成两种或两种以上语言的声频系统。立体声电影放声系统采用放映室内的杜比全景声还音系统，利用标准机柜将电影录音，经功放分若干路引至观众厅四周的扬声器组，以达到最佳的立体声效果。视频点播系统有随时自主点播精彩影视，查询各种账单，查询宾馆酒店信息，查看交通信息、气象预报、股市行情、商业信息，完成电视购物，浏览电子邮件，收看闭路电视等功能。视频点播系统能自动完成点播计费，并可与宾馆酒店计算机管理系统连接。

（二）通信自动化系统

通信自动化系统是在保证建筑物内语音、数据、图像传输的基础上，同时与外部通信网（如电话网、数据网、计算机网、卫星以及广电网）相连，与世界各地互通信息的系统。通信自动化系统按功能可划分为八个子系统：

（1）固定电话通信系统，设程控数字用户交换机或采用公网的集中小交换机。

（2）声讯服务通信系统（语音信箱和语音应答系统），主要功能：存储外来语音，使电话用户通过信箱密码提取语音留言；可自动向具有语音信箱的客户提供呼叫（当语音信箱系统和无线寻呼系统连接后），通知其提取语音留言；通过电话查询相关信息并及时应答。

（3）无线通信系统，具备选择呼叫和群呼功能。

（4）卫星通信系统，楼顶安装卫星收发天线和 VAST 卫星通信系统，与外部构成语音和数据通道，实现远距离通信的目的。

（5）多媒体通信系统，包括互联网和内联网，其中互联网可以通过电话网、分组数据网（X.25）、帧中继网接入，采用 TCP/IP 协议。内联网是一个企业或集团的内部计算机网络。

（6）视讯服务系统，包括可视图文系统、电子信箱系统、电视会议系统，主要功能：接收动态图文信息；存储及提取文本、传真等；通过具有视频压缩技术的设备，向系统的使用者提供近处或远处可观察的图像并进行同步通话。

（7）有线电视系统，可接收加密的卫星电视节目以及加密的数据信息。

（8）计算机通信网络系统，由网络结构、网络硬件、网络协议和网络操作系统、网络安全等部分组成。

（三）办公自动化系统

办公自动化系统分为办公设备自动化系统和物业管理系统。办公设备自动化系统应具有数据处理、文字处理、邮件处理、文档资料处理、编辑排版、电子报表和辅助决策等功能。对具有通信功能的多机事务处理型办公系统，应能担负起电视会议、联机检索，以及图形、图像、声音处理等任务。物业管理系统不仅包括传统物业管理的内容，即日常管理、清洁绿化、安全保卫、设备运行和维护，还增加了新的管理内容，如固定资产管理（设备运转状态记录及维护、检修的预告，定期通知设备维护及开列设备保养工作单，设备的档案管理等）、租赁业务管理、租房事务管理，同时赋予日常管理、安全保卫、设备运行和维护新的管理内容和方式（如水、电、煤气远程抄表等）。

（四）结构化综合布线系统

结构化综合布线系统又称综合布线系统，它是建筑物之间或建筑群内部的传输网络。它把建筑物内部的语音交换、智能数据处理设备及其广义的数据通信设施相互连接起来，并采用必要的设备同建筑物外部数据网络或电话局线路相连接。综合布线系统包括所有建筑物与建筑群内部用以连接以上设备的电缆和相关的布线器件。

（五）计算机网络技术

智能建筑采用的计算机网络技术主要有以太网、光纤分布式数据接口（fiber distributed data interface, FDDI）、异步传输模式（asynchronous transfer mode, ATM）、综合业务数字网（integrated services digital network, ISDN）等。

三、智能建筑的特点

与传统建筑相比，智能建筑的主要特点表现为：

（一）系统高度集成

从技术角度看，智能建筑与传统建筑最大的区别就是智能建筑各智能化系统的高度集成。

智能建筑系统集成，就是将智能建筑中分离的设备、子系统、功能、信息，通过计算机网络集成为一个相互关联、统一协调的系统，实现信息、资源、任务的重组和共享。智能建筑安全、舒适、便利、节能、节省人工费用的特点必须依赖于集成化的智能化系统才能得以实现。

（二）节能

以现代化商厦为例，其空调与照明系统的能耗很大，约占大厦总能耗的70%。在满足使用者对环境要求的前提下，智能大厦应通过其“智能”，尽可能利用自然光和大气冷量（或热量）来调节室内环境，以最大限度地减少能源消耗。按事先在日历上确定的程序，区分“工作”与“非工作”时间，对室内环境实施不同标准的自动控制，下班后自动降低室内照度与温湿度控制标准，已成为智能大厦的基本功能。利用空调与控制等行业的最新技术，最大限度地节省能源是智能建筑的主要特点之一，其经济性也是该类建筑得以迅速推广的重要原因。

（三）节省运行维护的人工费用

据统计，一座大厦的寿命周期为60年，启用后60年内的维护及营运费用约为建造成本的3倍。另外，大厦的管理费、水电费、煤气费、机械设备及升降梯的维护费，占整个大厦营运费用支出的60%左右，且其费用还将以每年4%的速度增加。依赖智能化系统的智能化管理功能，可降低机电设备的维护成本，同时由于系统的高度集成，系统的操作和管理也高度集中，人员安排更合理，因此人工成本可以降到最低。

（四）提供安全、舒适和便捷的环境

智能建筑首先要确保人、财、物的高度安全以及具有对灾害和突发事件的快速反应能力。智能建筑提供室内适宜的温度、湿度和新风以及多媒体音像系统、装饰照明，公共环境背景音乐等，可大大提高人们的工作、学习和生活质量。智能建筑能够通过建筑内外庞大的电话、电视、计算机局域网、因特网等现代通信网络和各种基于网络的业务办公自动化系统，为人们提供一个高效便捷的工作、学习和生活环境。

第二节　智能建筑的系统集成

随着科学技术的进步，计算机及网络技术、现代通信技术、现代控制技术以及现代建筑艺术得到了广泛应用，在推动人类社会进步的同时，也改变着人们的工作、学习和生活方式，从而促使人们对社会的信息化、工作与生活的自动化、居住环境的舒适化及安全化提出了更高的要求，使智能建筑以及与之相配套的建筑智能化系统获得飞速发展。现代化的城市建设过程已从最初的建设单个智能建筑发展到建设成片智能型数字化社区，乃至采用最新高科技手段，建设现代化、智能化、数字化和网络化的新型智能城市。智能建筑一体化集成管理的能力是智能建筑最重要的特点，是智能建筑与传统建筑的主要区别。

一、智能建筑系统集成的研究内容

系统集成指的是在一个大系统环境中，为了整个系统的协调和优化，在相同的总目标之下，将相互之间存在一定关联的各个子系统，通过某种方式或技术手段结合在一起。智能建筑的系统集成是将智能建筑内不同功能的智能化子系统在物理上、逻辑上和功能上连接成一个整体，实现信息综合、资源共享和设备的互操作化。

对智能建筑系统集成的研究内容主要集中在两个方面：

一是智能建筑系统集成技术。各子系统内部的技术千差万别，通过何种技术把各个同构或是异构子系统互相连接在一起，实现信息的共享和设备互操作，是智能建筑系统集成技术研究的主要问题。

二是智能建筑系统集成模式。在工程实践中，不同建筑根据功能需求和投资预算，选用的子系统和实现的智能化程度不同。

二、智能建筑系统集成的原则

智能建筑系统集成工作在项目建设中非常重要。该系统通过硬件平台、网络通信平台、工具平台和应用软件平台将各类资源有机和高效地集成在一起，形成完整的工作台面。智能建筑系统集成工作完成的好坏，对系统开发和维护有极大的影响。因此，在技术上应遵循以下原则：

（一）开放性

在进行各方面的选择，如选择系统软硬件平台、通信接口、软件开发工具以及网络结构时，需要遵循相关标准，这是关系到系统寿命周期的重要问题。

一个集成的信息系统就是一个开放的信息系统。开放的系统必须满足可互操作性、可移植性及可伸缩性的要求，才能与另一个标准的兼容系统实现“无缝”的互操作化，应用程序才可能由一种系统移植到另一种系统中，不断为系统的扩展和升级创造条件。

（二）结构化

复杂系统设计的最基本方法是结构化系统分析设计法，即把一个复杂系统分解成相对独立和简单的子系统，每一个子系统又分解成更简单的模块，这样自顶向下进行逐层模块化分解，直到底层每一个模块都实现可具体说明和可执行为止。这一原则至今仍是复杂系统设计的精髓。

（三）先进性

系统先进性贯穿系统开发的整个周期，乃至整个系统生存周期的各个环节。系统先进性建立在技术先进性之上，只有具备先进的技术，才会有较强的发展力，因此只有系统拥有先进的技术，才能确保系统的优势和较长的生存周期。系统的先进性还表现为设计的先进性。

（四）主流化

系统设计的每个产品应成为该产品的主流，必须有可靠的技术支持和成熟的使用环境，并具有良好的发展势头。

三、智能建筑系统集成的意义

（1）将智能建筑的系统进行集成，集中监控各个子系统，可以改善管理和服务效率，节省成本，降低运行和维护费用。

（2）智能建筑系统集成，有利于减少总体设计以及各子系统中硬件和软件的重复性投资。

（3）由于智能建筑系统集成采用统一的硬件和软件结构，更易于操作和管理人员掌握其操作和维护技术。

（4）智能建筑系统集成能够提高业主或租赁户的使用效率，提升物业管理服务水平，提高建筑物的档次，实现建筑物售前升值和售后保值。

（5）智能建筑系统集成能够为业主或租赁户提供一条连通建筑物内外的信息高速公路。

实现智能建筑的关键就是系统集成，而系统集成的基础则是面向各个应用服务类型的子系统，要想实现这些子系统的高度集成化，必须有现代先进的计算机网络技术、通信技术、控制技术及系统集成技术等作后盾。近年来，无线通信技术、数字化视频传输技术、控制系统全数字化技术等在智能建筑领域的广泛应用，使得智能建筑中的各种机电设备与子系统的智能化程度越来越高，为其参与系统集成创造了良好的条件。

第三节　我国智能建筑的发展历程及发展趋势

一、我国智能建筑的发展历程

我国智能建筑是逐步发展起来的。人们对工作和生活环境越来越高的要求，以及信息技术的飞速发展，构成了推动建筑智能化不断发展的主要动力。我国智能建筑的发展历程大体可以分为三个阶段，即起始阶段、普及阶段和发展阶段。

（一）起始阶段

在20世纪80年代末、90年代初，随着改革开放的推进，我国国民经济持续发展，综合国力不断增强，人们对工作和生活环境的要求也不断提高，安全、高效、舒适的工作和生活环境已成为人们的迫切需要；同时科学技术的飞速发展，特别是以微电子技术为基础的计算机技术、通信技术和控制技术的迅猛发展，为满足人们这些需要提供了技术基础。

这一时期智能建筑主要针对的是一些涉外的酒店等高档公共建筑和有特殊需要的工业建筑，其所采用的技术和设备主要是从国外引进的。这一时期人们对建筑智能化的理解主要包括：在建筑内设置程控交换机系统和有线电视系统等通信系统将电话、有线电视等接到建筑中来，为建筑内用户提供通信手段；在建筑内设置广播、计算机网络等系统，为建筑内用户提供必要的现代化办公设备；同时利用计算机对建筑中的机电设备进行控制和管理，设置火灾报警系统和安防系统为建筑和其中的人员提供保护手段等。这一时期建筑中各个系统是独立的，相互之间没有联系。

这个阶段智能建筑普及程度不高，主要是产品供应商、设计单位以及业内专家在推动智能建筑的发展，依据的主要规范文件为《民用建筑电气设计规范》等。

（二）普及阶段

在20世纪90年代中期房地产开发热潮中，房地产开发商在还没有完全弄清智能建筑内涵的时候，发现了“智能建筑”这个标签的商业价值，于是“智能建筑”“5A建筑”“7A建筑”等名词出现在他们的营销广告中。在这种情况下，智能建筑迅速在中国推广起来，90年代后期沿海一带新建的高层建筑几乎全都自称是“智能建筑”，并迅速向西部扩展。据不完全统计，这一时期全国各地累计已经建成或正在建设的各类智能建筑项目有两千多个。可以说这个时期房地产开发商是智能建筑的重要推动力量。

在技术方面，除在建筑中设置上述各种系统以外，主要是强调对建筑中各个系统进行系统集成和广泛采用综合布线系统。应该说，综合布线这样一种布线方式和技术的引入，曾使人们对智能建筑的概念产生了某些紊乱，把综合布线当作智能建筑的主要内容。但它确实吸引了一大批通信网络和信息技术行业的公司进入智能建筑领域，促进了信息技术行业对智能建筑发展的关注。同时由于综合布线系统对语音通信和数据通信的模块化结构，在建筑内部为语音和数据的传输提供了一个开放的平台，加强了信息技术与建筑功能的结合，对智能建筑的发展和普及产生了一定的推动作用。

所谓系统集成，就是将建筑各个子系统集成在一个统一的操作平台上，实现各系统的信息融合，协调各个系统的运行，以发挥建筑智能化系统的整体功能。实现智能建筑各子系统的信息共享，可以提升智能化系统的性能。但追求智能建筑一体化集成，不仅难度很大，而且增加了智能化系统的投资。因此，业内更倾向于以楼宇自控系统为主的系统集成和利用开放标准进行的系统集成。

这一时期政府有关部门也加强了对建筑智能化系统的管理。1997年，建设部（今住房和城乡建设部）颁布了《建筑智能化系统工程设计管理暂行规定》，规定了承担智能建筑设计和系统集成必须具备的资格。2000年，建设部出台了国家标准《智能建筑设计标准》（GB/T 50314—2000），信息产业部（今工业和信息化部）颁布了《建筑与建筑群综合布线系统工程设计规范》（GB/T 50311—2000）和《建筑与建筑群综合布线系统工程验收规范》（GB/T 50312—2000）。2001年，建设部在《建筑业企业资质管理规定》（建设部令第87号）中设立了建筑智能化工程专业承包资质，将建筑中计算机管理系统工程、楼宇设备自控系统工程、保安监控及防盗报警系统工程、智能卡系统工程、通信系统工程、卫星及共用电视系统工程、车库管理系统工程、综合布线系统工程、计算机网络系统工程、广播系统工程、会议系统工程、视频点播系统工程、智能化小区综合物业管理系统工程、可视会议系统工程、大屏幕显示系统工程、智能灯光及音响控制系统工程、火灾报警系统工程、计算机机房工程等18项内容统一为建筑智能化工程，纳入施工资质管理。

（三）发展阶段

中国对智能建筑的最大贡献是住宅小区智能化建设。20世纪末在中国开展的智能化住宅小区建设是中国独有的现象，在住宅小区应用信息技术主要是为住户提供先进的管理手段、安全的居住环境和便捷的通信娱乐工具。这与以公共建筑如酒店、写字楼、医院、体育馆等为主的智能大厦有很大的不同，住宅小区智能化正是信息化社会中人们改变生活方式的一种重要体现。推动智能化住宅小区建设的主角是电信运营商，他们试图通过投资建设一个到达各家各户的宽带网络，为生活和工作在这些建筑内的人们提供各种智能化信息服务业务，使用户可以通过这个网络接收和传送各种语音、数据和视频信号，满足人们信息交流、安全保障、环境监测和物业管理的需要。同时，他们以此网络开展各种增值服务，如安防报警、紧急呼救、远程抄表、电子商务、网上娱乐、视频点播、远程教育、远程医疗，以及其他各种数据传输和通信业务等，并以这些增值服务来收回投资。

目前，虽然还有人对这种发展智能建筑的思路持怀疑态度，但这并不影响“宽带网”成为电信行业、建筑智能化行业乃至房地产行业最热门的话题。更重要的是，它将会改变人们进行建筑智能化建设的技术路线和运作模式，也许这标志着智能化已经突破一般意义上的建筑范畴，而逐渐延伸至整个城市、整个社会的应用中。

建设部住宅产业促进中心于 1999 年底颁布了《全国智能化住宅小区系统示范工程建设要点与技术导则（试行稿）》，导则计划用 5 年时间，组织实施全国智能化住宅小区系统示范工程，以此带动和促进中国智能化住宅小区建设，以适应 21 世纪现代居住生活的需要。信息产业部于 2001 年出台了《关于开放用户驻地网运营市场试点工作的通知》及《关于开放宽带用户驻地网运营市场的框架意见》，将在 13 个城市首先开展宽带用户驻地网运营市场开放、管理试点工作，以摸索出行之有效的管理办法、技术标准，进而在全国推广，进一步推进中国的宽带建设。虽然文件将宽带用户驻地网运营定义为基础电信业务，但也规定了宽带用户驻地网运营许可证的发放将比照增值业务许可证的发放方式来管理。这些文件是目前对住宅小区智能化进行管理的主要文件。

二、我国智能建筑的发展趋势

进入 21 世纪，信息技术迅猛发展，作为信息技术产物的建筑智能化系统也发生了深刻变化。同时随着中国加入世界贸易组织，管理制度与国际接轨，我国对建筑智能化系统的管理方式进行了相应调整。这些都进一步促进了建筑智能化系统的变革和发展。

（一）信息技术的进步将会改变建筑智能化系统的体系结构

建筑智能化系统是信息技术发展的产物，建筑中各种智能化系统无非是各种服务信息采集、传输和处理的工具。当前，建筑智能化系统的技术基础——计算机技术、控制技术和通信技术都在迅速发展，其中通信技术的发展更为明显，互联网技术、移动通信技术以及作为信息载体的智能卡技术已深入人们生活和工作的各个方面，建筑智能化也应该顺应信息技术的发展，利用这些技术来解决智能建筑中的问题，把这些技术作为智能建筑的技术基础。

目前完全可以利用这些技术构筑一个统一的信息平台，并以此为建筑和建筑中的人们提供过去多个系统才能提供的服务，并且这个信息平台及其相应的服务可以从一栋建筑扩展到整个社区乃至整个城市。按此技术路线，建筑智能化系统将成为这个社会化信息平台的一个组成部分。因此，随着技术的进步，过去那种根据不同服务功能构成不同系统的体系结构将会发生根本性改变，这不仅可以充分发挥系统的功能，还可以避免重复投资，提高经济效益。

（二）管理制度的变革将会消除建筑智能化系统发展的障碍

在过去，制约建筑智能化系统成为统一系统的原因是原有管理制度的不适应。建筑智能化工程涉及公安、消防、电信、广电和建设等多个行政主管部门，过去那种层层审批、多个部门管理一件事的管理模式已严重制约智能建筑的发展，随着中国加入世界贸易组织，这一障碍逐步消除。根据“职权一致”和“权责一致”的原则，国务院要求一件事只能由一个部门负责管理，如产品质量管理按照《中华人民共和国产品质量法》和国家市场监督管理总局的规定由市场监督管理部门负责，工程设计和施工安装资质管理按照《中华人民共和国建筑法》和《中华人民共和国建筑法实施细则》的规定由建设行政主管部门负责，而与建筑智能化系统相关的业务如通信、消防、安防等则分别由对应的行政管理部门管理。同时管理的手段将从控制市场准入、行政审批转为制定技术标准、规范市场公正竞争。

这种管理方式的变革有利于把建筑智能化系统作为统一的系统来实施，更为重要的是，这将促进建筑智能化系统各项业务的发展，如公安部在放弃安防产品质量监督和工程管理的同时，将大力发展安防报警服务业。可以预见，消防服务业、物业管理服务业、电信及其增值服务业等也将得到长足发展，这也必将促进建筑智能化系统工程的发展。

第二章 智能建筑系统配置

第一节 通信网络系统

一、通信网络系统概述

智能建筑的核心是系统集成，而系统集成的基础则是智能建筑中的通信网络。计算机技术和通信技术的发展，以及信息时代的到来，迫使现代建筑观念不得不更新。在信息化社会中，一个现代化大楼内，除具有电话、传真、空调、消防与安全监控系统外，各种计算机网络、综合服务数字网等也是必不可少的。只有具备了这些基础通信设施，新的信息技术如电子数据交换、电子邮政、会议电视、视频点播、多媒体通信等才有可能进入大楼，使大楼成为一个名副其实的智能建筑。

目前，在多数与智能建筑有关的事物中，不论是业主还是参加竞争的设计者，都把重点放在楼宇自动化系统和结构化综合布线系统上，许多所谓的智能建筑，其实就是楼宇自动化系统加上结构化布线和程控交换机，忽略了通信网络的建设。在建筑智能化工程中，应该高度重视信息这个要素，而通信网络正是为建筑的各个部分传递信息的道路。一方面，随着分布式智能建筑控制系统技术的日益成熟和普及应用，在楼宇自动化系统中，控制系统将进一步分散，在网络中传递更多的将是管理信息，系统的集成愈发重要；另一方面，由于人们信息需求量的激增，以及计算机技术带来的多媒体终端技术等先进的终端技术，一个建筑的智能化瓶颈往往出现在它的通信网络方面。可以说，通信网络技术水平的高低制约着建筑的智能程度。为此，智能建筑中通信网络的建设是完成建筑智能化工程的重点所在。

二、智能建筑的通信网络功能及通信业务形式

总体上说，智能建筑的通信网络有两个功能：一是支持各种形式的通信业务；二是能够集成不同类型的办公自动化系统和楼宇自动化系统，形成统一的网络并进行统一的管理。智能建筑中的通信业务主要有以下几种形式：

（1）电话。电话包括内部直拨，通过程控交换机与楼外公共交换网连接后通话，如今已发展成为以程控交换机为中心组网形成“2B＋D”话音和信令通道，电话用户线具有了综合功能。

（2）传真。传真包括利用电话线进行楼内传真以及与楼外的传真，还可以通过发展而成的楼内综合业务数字网的用户线进行楼内或楼内外的传真。

（3）电子邮件、语音邮件、电子信箱、语音信箱。这是通过计算机网络及其交换系统实现点对点（计算机）的文字或语音通信的一种方式，即通过对计算机屏幕的“书写”或直接通过计算机的音响系统实现双方的通信或对话。与之相应的电子信箱、语音信箱则是通过计算机的存储系统实现“留信”或“留言”的。

（4）可视电话。可视电话是一种小型图像通信终端，利用电话线路同时传递图像与语音信息。这种系统使用简单，无须特殊线路，每秒可传送 10 帧彩色图像，并且价格相对低廉。同时，还可通过大楼程控交换机进入公用电话网，同外部进行通信。

（5）可视电话数据系统。可视电话数据系统是指利用公用电话线路的会话型图像通信。用户利用这种通信系统，键入所需信息代码，传送至数据库计

算机，主机收到该代码后，即可在数据库中查找所需的信息，并将信息回送至屏幕显示出来。

（6）会议电视系统。会议电视系统可支持大楼中各单位、各部门之间通信的要求，可通过通信手段把相隔两地或几个地点的会议室连接在一起，传递图像和伴音信号，使与会者产生身临其境的感觉。

（7）桌面会议系统。桌面会议系统可将计算机引入图像通信，使得通信各方不仅可以面对面进行交谈，还可以根据要求随时交换资料和文档，真正实现通信的交互性。桌面会议系统设有电子黑板，使会议各方可在同一块电子黑板上完成信息交互，并可对电子黑板进行随时打印，还可以重播会议片段和收录会议过程。

（8）多媒体通信。多媒体通信是通过计算机网络系统实现同时获取、处理、编辑、存储和展示两个以上不同类型信息媒体（包括文字、语音、图像、视频）的传送，其最重要的基础是具备宽带的网络系统。

（9）公用数据库系统。与大楼业务有关的资料可通过大楼的数据库查询，也可通过广域网查询，数据类型可以是数据、文字、静态图像、动态图像。

（10）资料查询与文档管理系统。资料查询与文档管理系统主要进行楼内各种办公文件的编辑、制作、发送、存储与检索，并规定不同用户对各类文档的操作权限。

（11）学习培训系统。学习培训系统主要指与网络联机的多媒体终端及各种声、像设备，供各类业务学习与培训使用。

（12）触摸屏咨询及大屏幕显示系统。该系统一般安装在大厅。多个触摸屏咨询系统安放在大厅的不同位置，以声、像、图表等多种方式向用户介绍大楼业务及其他信息。

（13）财务、情报、设备、资产、人事等事务管理。将财务收支情况、合同、通知、新技术、新业务、设备资源及其使用情况、工作人员的素质等全部存入数据库中，以便随时查询，实现事务管理科学化。

（14）访问 Internet（因特网）。Internet 已发展成为把全球联系在一起的信息网络，所以对于用户来说，具有访问 Internet 的手段就显得十分重要。大楼智能局域网的主干网具有访问 Internet 的信息通道，这就为大楼内的用户访问 Internet 提供了条件。

不同业务的实现对通信网络的需求往往不同，已发展成熟的各种网络几乎都是针对特定的网络业务，而目前基于 ATM 的宽带综合局域网技术日益成熟，使得在局域网内实现相当多业务的综合传输交换成为可能。

智能建筑中的通信网络通常分为主干网和部门子网。主干网是连接部门子网的数据传输速率较高的网络；部门子网是为完成各个部门的特定目的而组建的局域网，它一般有多种形式。此外，通信网络还包括以电话通信为主的程控交换机网络。智能建筑的通信网络应能满足大楼管理自动化及办公自动化的要求，而且要能够适应今后 15 年通信业务发展的需要。

在通常情况下，在智能建筑中主干网组网主要采用以下网络技术：FDDI、100Base-T、100VG-AnyLAN、ATM 等。随着科学技术的发展及产品的日益成熟，从通信网络发展方向来看，使用 ATM 技术进行主干网组网是一种优选方案。

智能建筑中的部门子网，往往根据部门需求选择多种多样的网络，比较普遍使用的有普通局域网、高速局域网和程控交换机网三种。在智能建筑中，这三种子网往往同时存在。

三、智能建筑通信网络系统案例

以某小区的智能建筑通信网络系统为例，其主干网是以 ATM 交换机为中心的 ATM 网络，具有以下特点：

（1）这是一种高速率网络，每个端口速率高达 25～155 Mbps，这种带宽使各个子网之间的通信畅通无阻，而且各个端口都有专用带宽，使用户的带宽竞争局限在子网范围内，因此子网数目的增加不会影响已存用户的业务质量，这是其他大多数网络技术所不具备的。

（2）采用局域网仿真技术使已有的局域网技术可以平滑无缝地接入主干网构成互联网络。基于原有局域网的应用可以不加修改地在 ATM 互联网络上运行。

（3）ATM 网络与传统局域网的无缝连接，进一步减少了网络之间的桥、路由器、网关及集线器等协议转换设备，使网络延伸、网络配置、网络监视变得相当容易，网络得到平整。这一点是其他主干网技术不可比拟的。

（4）采用虚拟局域网技术，可以方便地构成虚拟局域网，不同虚拟局域网之间就像通过网桥连接的局域网。而且，网络管理员可以将地域不集中、连接在不同集线器上的同一部门之间的设备构成一个局域网，这样网段的物理位置不再影响其逻辑子网。这样带来的好处是：每个部门可以拥有自己的虚拟局域网，它不受其他部门的网络通信影响；通信网络上任何位置的主机、服务器等从一个虚拟局域网移动到另外一个虚拟局域网不需要任何物理上的变动；同时，物理上变动的网络设备也可以维持在相同的虚拟局域网上不变。这对智能建筑租赁户来说是相当优越的。

（5）ATM 网络采用永久虚通路和交换虚通路来管理网络连接，这样可以使网络延伸变得简单。永久虚通路的配置可以保证不同业务的带宽要求。交换虚通路的采用可以简化网络管理员的网络设置工作。交换虚通路的标准化使不同厂家的 ATM 产品的互联变得简单。

（6）ATM 是 B-ISDN（宽带综合业务数字网）的标准转移模式，因此主干网与广域网的连接也可以归结为 ATM 与 ATM 的连接，这样智能建筑通信网可以与广域网无缝连接。

（7）ATM 网络采用分布式网络结构，这使它作为主干网时有很高的稳定性。它采用完全连接网状拓扑来避免网络单点失效，它的网络控制分布存在于各个网络节点，端到端多路由连接，网络可以实现自重构，这些使网络能应对各种灾难情况，在智能建筑出现意外时能确保通信网络畅通。

（8）ATM 是一种开放式网络结构，ITU-T（国际电信联盟电信标准化部门）、ATM 论坛分别制定了一系列网络技术标准，这些标准使 ATM 网络能够兼容连接过去、现在和将来的各种网络。因此，采用 ATM 作为主干网可以适应将来网络技术的发展，使网络生存周期延长，网络等效性价比提高。

若干个大容量服务器（多媒体服务器）直接接入 ATM 网络，可满足多客户机与服务器的多媒体通信对网络带宽的要求。部门子网一般设计为交换模块式局域网，最常用的是 10 Base-T，它不但是物理上的星形连接，而且使用非屏蔽双绞线作为传输介质，这非常适合智能建筑综合布线的情况。多用户部门可使用多交换模块组成多网段的部门子网。而有高速要求的部门则可组建高速局域网，高速局域网有 100 Base-T、FDDI 和 ATM 工作组网等，实践表明，采用 100 Base-T 和 ATM 工作组网更好。通过局域网交换机可将所有局域网部门子网接入主干网。如果部门子网的高速用户数量不多，则最好将高速宽带终端用户直接接入主干网，通过 ATM 网络的虚拟局域网功能，将一些高速宽带终端用户与一些部门子网组建成虚拟局域网。

程控交换机网是以电路交换方式交换话音为主的网络。目前，配备有 N-ISDN（窄带综合业务数字网）功能的程控交换机综合了电路交换和分组交换方式，可以综合交换话音和数据。在智能建筑中，将这种程控交换机用作电话网的交换节点具有明显的优点：可以方便地将远端和孤立的数据终端通过 N-ISDN 与主干网的网关接入通信网络；可以方便地与公用 N-ISDN 连接，实现对广域网的低速访问；2B＋D 和 30B＋D 的速率接口可以充分满足用户对外部数据资源的访问，实现用户电报、高质传真、高质电话、可视电话等业务；专用线路业务可以满足特殊用户的保密要求，以及实现紧急报警等。程控交换机网络既可自成一体，又可通过网关与主干网相连。多功能电视会议中心主要包括数字化投影电视和音响系统及同声传译系统，在智能建筑的设计中，通过网络互联技术，将相应的语音和图像信息传送给相关的子网或公共网，实现信息共享，可以使智能建筑具有更高的品质。楼宇自动化系统网络在逻辑上是独立的，中央监控系统监控和管理整个楼宇自动化系统。通过以太网接口，中央监控系统接入主干网络，可向有关终端传送监视和报警信息。

第二节　综合布线系统

一、综合布线系统概述

智能建筑是集楼宇自动化系统、通信自动化系统和办公自动化系统于一体的综合系统。智能建筑要实现楼宇自动化、通信自动化、办公自动化，前提就是有一个网络系统将上述系统连接起来，使系统与系统之间、系统内部各部分之间能够实现信息沟通，为综合化管理提供物质基础。该网络系统就是建筑物中的综合布线系统。

智能建筑主要的命脉系统便是综合布线系统，该系统主要负责传输数据和连接其他终端。在电气设计中如何将这些盘根错节的线路都安排整齐，并且达到高效化和经济性，需要认真研究每条线路的具体走向。综合布线系统是以智能建筑当前和未来布线需求为目标，对建筑物内部和建筑物之间的布线进行统一规划设计，从而将智能建筑的楼宇自动化系统、办公自动化系统、通信自动化系统有机地结合起来，构成建筑物智能化系统。它涉及建筑、设备、计算机、通信及自动控制技术等多个领域。

二、综合布线系统的由来、特性和组成

（一）综合布线系统的由来

综合布线系统是一种在建筑物和建筑群中传输信息的网络系统，1985 年由美国电话电报公司贝尔实验室首先推出，并于 1986 年通过美国电子工业协会（Electronic Industries Association, EIA）和通信工业协会（Telecommunications Industry Association, TIA）的认证，得到全球的认同。它采用模块化设计和分层的星形拓扑结构，把建筑物内部的语音交换和智能数据处理设备及其他广义的数据通信设施相互连接起来，并采用必要的设备同建筑物外部的数据网络、电话网络和有线电视网络相连接。综合布线系统包括建筑物与建筑群内部所有用以连接以上设备的线缆和相关的布线器件。

综合布线系统出现的意义在于它打破了数据传输和语音传输的界限，使这两种不同的信号能够在一条线路中传输，第一次将建筑物内的计算机网络和电话网络系统综合起来。在此基础上，为适应智能建筑发展对系统集成度不断提高，以及进一步完成计算机网络、电话网络和设备自控线路的集成工作的需要，国际标准化组织正在完善相应的国际标准。

系统集成被普遍认为是设备的集成和信息的共享，智能建筑的关键特征在于其智能化，而智能化的实质是信息资源和任务的综合共享与全局一体化的综合管理。可以说，没有系统集成，就没有智能化可言。智能建筑内的各个系统都不是完全独立的，各个系统通过计算机通信网络连接在一起，互相交换数据，共同管理建筑。那么，要达到系统集成，解决建筑内各系统的互联问题就成为建设智能建筑的关键。在智能建筑的设计中，系统集成设计有以下规律和原则：首先，要在保证设计的先进性、开放性和可扩充性的前提下，采用综合一体化的优化集成系统设计；其次，还要考虑用户的实际需要和承受力，有侧重地选

取各个系统，制订不同的系统集成实施方案，做到为用户量体裁衣；最后，要满足工程分阶段实施的需求。考虑到用户对系统功能分阶段性以及对工程费用的承受能力，成功的系统集成设计应该是无论用户分多少个阶段来完成这个系统，在今后系统扩展和功能提升时，这个设计的集成系统始终是一个一体化的整体。

另外，综合布线系统随着房地产事业的发展进入家庭，智能小区及家居布线系统迅速发展。当前小区综合布线的主要参考标准为《住宅和小型商用电信布线标准》（TIA/EIA 570-A）。小区综合布线系统和其他智能建筑综合布线系统的主要区别在于小区智能化系统的用户独门独户，且每户都有许多房间，每户的每个房间的配线都应独立，小区综合布线系统应实现分户管理。而且智能住宅需要传输的信号种类较多，不仅有语音和数据，还有有线电视、楼宇对讲等。因此，智能小区每个房间的信息点较多，需要的接口类型也较其他智能建筑更丰富。

（二）综合布线系统的特性

1.兼容性

综合布线系统是一套标准的配线系统，其信息插座能够插入符合同样标准的语音、数据、图像与监控等设备的终端插头。所谓兼容性，是指自身的完全独立性可以完全适用于多种应用系统而与其他应用系统相对无关的特性。以往的建筑物内进行布线往往采用不同厂家生产的线缆、插座等设备，这些设备使用的配线材料、质量、标准都不同，彼此互不兼容，当需要改变终端机或电话机位置时，就必须重新安置插座接头及线缆等。而综合布线的各种数据设备及各种线缆、连接设备等都采用统一的规划和设计，把不同的传输介质综合到一套布线标准里，从而大大简化了布线程序，节约了成本和空间，而且也便于工作人员的操作和管理。不同厂家的语音、数据、图像设备只要符合标准，就可以相互兼容。

2.可扩展性

综合布线系统采用星形拓扑结构、模块化设计，布线系统中除固定于建筑物内的主干线缆外，其余所有的接插件都是积木标准件，易于扩充及重新配置。当用户因发展而需要调整或增加配线时，不会因此影响整体布线系统，可以保证用户先前在布线方面的投资。

综合布线系统主要采用双绞线与光缆混合布线，所有布线均采用世界上最新的通信标准，连接符合 B-ISDN 设计标准，按 8 芯双绞线配置。为满足特殊用户的需求，可以把光纤铺到桌面。干线光缆可设计为 2 GHz 带宽，为未来通信量的增加提供足够的富余量，可以将当前和未来的语音、数据、网络、互联设备以及监控设备等很方便地连接起来。

3.应用独立性

网络系统的最底层是物理布线，与物理布线直接相关的是数据链路层，即网络的逻辑拓扑结构。而网络层和应用层与物理布线完全不相关，即网络传输协议、网络操作系统、网络管理软件及网络应用软件等与物理布线相互独立。无论网络技术如何变化，其局部网络的逻辑拓扑结构都是总线、环形、星形、树形或以上几种形式的综合，而星形结构的综合布线系统，通过在管理间内跳线的调整，就可以实现上述不同拓扑结构。因此，采用综合布线方式进行物理布线时，不必过多地考虑网络的逻辑结构，更不需要考虑网络服务和网络管理软件。

4.开放性和灵活性

采用综合布线的方式，其配置标准对所有著名厂商的产品都是开放的。综合布线所采用的硬件和相关设备都是模块化设计的，对所有的通道和标准都适用。因此，所有设备的开通和更换都不需要重新布线，只需在出现问题的环节进行必要的跳线管理即可，这就大大提升了布线的灵活性和开放性。

5.可靠性和先进性

传统的布线方式使得各个应用系统互不兼容，从而也造成了建筑物系统的脆弱性，综合布线发生错位或不当就可能导致信息的混乱和交叉。综合布线系统采用的是高科技的材料和先进的建筑布线技术，它本身形成了一套完善、兼容的信息输送体系。而且每条通道都可以达到链路阻抗的效果，任何一条链路出现问题都不会影响其他链路的工作，在系统传输介质的采用上它们互为备用，从而提升了冗余度，保证了应用系统的可靠运作。

综合布线系统能够解决人乃至设备对信息资源共享的要求，使以电话业务为主的通信网络逐渐向综合业务数字网和各种宽带数字网过渡，使其成为能够同时提供语音、数据、图像和设备控制数据的集成通信网。

（三）综合布线系统的组成

综合布线系统是一种开放式的结构化布线系统。它采用模块化方式和星形拓扑结构，支持大楼（建筑群）的语音、数据、图像及视频等数字与模拟传输应用。它既实现了建筑物或建筑群内部的语音、数据、图像的彼此传输，也实现了各个通信设备和交换设备与外部通信网络的相互连接。综合布线系统在构成上可分为六个子系统，它们是由传输介质、管理硬件、传输电子线路、电气保护设备等硬件集成在一起的。

按照美国 ANSI/EIA/TIA 568-A 标准划分，结构化综合布线系统根据其功能可分为以下六个子系统：

1.工作区子系统

工作区子系统又称服务区子系统，相当于电话配线系统中连接话机的用户线及话机终端部分。该子系统包括水平配线系统的信息插座、连接信息插座、终端设备的跳线及适配器。工作区的服务面积一般可按 5～10 m^2 估算，工作区内信息点的数量根据相应设计等级的要求设置。工作区的每个信息插座都应该支持电话机、数据终端、计算机及监视器等终端设备；同时，为了便于管理和识别，有些厂家的信息插座做成多种颜色，如黑、白、红、蓝、绿、黄，这些颜色的设置要求符合 TIA/EIA 606 标准。

2.水平子系统

水平子系统也称水平干线子系统，布置在同一楼层上，一端接在信息插座上，另一端接在管理间子系统的配（跳）线架上，组成的链路由工作区用的信息插座、楼层分配线架设备至信息插座的水平电缆、楼层配线设备和跳线等组成。水平子系统一般为星形结构，水平电缆多采用 4 对超Ⅴ类非屏蔽双绞线，长度小于 90 m，信息插座应在内部做固定线连接，能支持大多数现代化通信设备。如果有磁场干扰或保密需要，则应采用屏蔽双绞线，在需要高速率时使用光缆。

如果在楼层上有卫星接线间，水平子系统还应把工作区子系统与卫星接线间连接起来，把终端接到信息的出口。

3.管理间子系统

一般每层楼都应设计一个管理间或配线间，其主要功能是对本楼层所有的信息点实现配线管理及功能变换，以及连接本楼层的水平子系统和骨干子系统（垂直干线子系统）。管理间子系统一般包括双绞线跳线架和跳线。如果使用光纤布线，就需要有光纤跳线架和光纤跳线。当终端设备位置或局域网的结构变化时，仅需改变跳线方式，不必重新布线。

4.垂直干线子系统

垂直干线子系统是用线缆连接设备间子系统和各楼层的管理间子系统的，一般采用大对数电缆馈线或光缆，两端分别接在设备间和管理间的跳线架上，负责从主交换机到分交换机之间的连接，提供各楼层管理间、设备间和引入口（由电信企业提供的网络设施的一部分）设施之间的相互连接。

垂直干线子系统所需要的电缆总对数一般按下列标准确定：基本型每个工作区可选定两对双绞线；增强型每个工作区可选定三对双绞线；对于综合型，

每个工作区可在基本型或增强型的基础上增设光缆系统。

5.设备间子系统

设备间是在每幢大楼的适当地点设置进线设备，也是放置主配线架和核心网的设备进行网络管理以及管理人员值班的场所。它是智能建筑线路管理的集中点。设备间子系统由设备间的线缆、配线架及相关支撑硬件、防雷电保护装置等构成，将各种公共设备（如中心计算机、程控数字交换机、各种控制系统等）与主配线架连接起来。将计算机机房、交换机机房等设备间设计在同一楼层中，既便于管理，又节省投资。

设备间的设置位置十分关键，它应兼顾网络中心的位置、水平干线与垂直干线的路由，以及主干线与户外线路（如市话引入、公共网络或专用网络线缆引入）的连接。市话电缆引入点与设备间的连接应控制在 15 m 之内，数据传输引入点与设备间的连接线缆长度不应超过 30 m。

6.建筑群子系统

建筑群子系统是将多个建筑物的设备间子系统连接为一体的布线系统，应采用地下管道或架空敷设方式。管道内敷设的铜缆或光缆应遵循电话管道和人孔的各项设计规定，并安装有防止电缆的浪涌电压进入建筑物的电气保护装置。建筑群子系统安装时，一般应预留 1 个或 2 个备用管孔，以便今后扩充。

建筑群子系统采用直埋沟内敷设时，如果在同一沟内埋入了其他的图像、监控电缆，则应有明显的共用标志。

三、综合布线系统的传输介质

传输介质是综合布线系统最重要的组成构件，是连接各个子系统的中间介质，是信号传输的媒介，它决定了网络的传输速率，网络传输的最大距离，传输的安全性、可靠性、可容性，以及连接器件的选择等。综合布线系统的传输介质主要是电缆（一般为双绞线）和光缆。双绞线主要用于建筑物的水平子系统的布线。目前，在综合布线工程中，由于考虑传输介质的质量、价格和施工难易程度等，最常用的是以超Ⅴ类或者Ⅵ类非屏蔽双绞线作为其传输介质。光缆主要用于智能建筑群之间和主干线子系统的布线，其优点是容量大、传输距离大、安全性好、传输信息质量高。

（一）双绞线

双绞线是综合布线工程中最常用的一种传输介质。双绞线由两根具有绝缘保护层的铜导线组成，并按一定密度相互缠绕，每根导线在传输中辐射的电波会被另一根线上发出的电波抵消，降低了信号干扰的程度。把一对或多对双绞线放在一个绝缘套管中便成了双绞线电缆。在双绞线电缆内，不同线对具有不同的扭绞长度。与同轴电缆、光缆相比，双绞线在传输距离、信道宽度和数据传输速度等方面均有所不如，但价格较为低廉，主要用于短距离的信息传输。

1.双绞线的类型

目前，按是否有屏蔽层，双绞线可分为非屏蔽双绞线和屏蔽双绞线两种。非屏蔽双绞线由绞在一起的线对构成，外面有护套，但在电缆的线对外没有金属层。它由 8 根不同颜色的线分成 4 对（白棕/棕、白绿/绿、白橙/橙、白蓝/蓝），每两条按一定规则绞合在一起，成为一个芯线对。

屏蔽双绞线与非屏蔽双绞线相比，在双绞铜线的外面加了一层金属层，这层金属层起屏蔽电磁信号的作用。按金属层数量和金属层绕缠的方式，屏蔽双绞线可细分为铝箔屏蔽双绞线、铝箔/金属网双层屏蔽双绞线和独立双层屏蔽双绞线，它们的屏蔽和抗干扰能力依次递增。

2.双绞线的应用

EIA/TIA 按双绞线的电气特性定义了七种不同质量的型号。Ⅵ类和超Ⅴ类双绞线是当前最常用的以太网电缆，超Ⅴ类双绞线是对Ⅴ类双绞线的改进，传送信号时衰减更小，抗干扰能力更强。Ⅴ类双绞线用于支持带宽要求达到100 MHz的应用，而超Ⅴ类可达155 MHz，能够满足目前大部分室内工作的要求。

而Ⅵ类线可支持250 MHz的带宽，Ⅶ类线可支持600 MHz的带宽，能够满足未来对快速通信的需求。

双绞线采用铜质线芯，传导性能良好。目前，采用Ⅵ类和超Ⅴ类双绞线传输模拟信号时，每5～6 km需要一个放大器；传输数字信号时，每2～3 km需要一个中继器，双绞线的带宽可达268 kHz。一段Ⅵ类和超Ⅴ类双绞线的最大使用长度为100 m，只能连接一台计算机，双绞线的每端需要一个RJ-45的8芯插座（俗称“水晶头”），各段双绞线可以通过集线器互联，利用双绞线最多可以连接64个站到集线器。

Ⅵ类双绞线是2002年6月TIA的TR-42委员会正式通过了Ⅵ类布线标准后开始迅速发展的，Ⅵ类双绞线的标准在许多方面做了完善。实践证明，采用高带宽的Ⅵ类布线系统，可以获取更高的传输性能指标。而且就总体经济效益而言，Ⅵ类布线仅比超Ⅴ类略贵一点，因此已获得广泛应用。

随着技术的进步，250 MHz的带宽将无法满足人们的需要，高质量、高宽带的超Ⅵ类和Ⅶ类双绞线将会给人们的工作和生活带来极大的方便。超Ⅵ类双绞线可提供500 MHz的整体带宽，传输速率可达10 Gbs。Ⅶ类双绞线是一种屏蔽双绞线，可提供600 MHz的整体带宽，传输速率可达10 Gbs。而且每一线对都有一个屏蔽层，4对线合在一起，还有一个公共屏蔽层，所以线径相对较粗。

（二）光缆

光缆是一组光导纤维（光纤）的统称。它不仅是目前可用的媒介，而且是未来长期使用的媒介，其主要原因在于光纤具有很大的带宽，传输速度与光速相同。光纤与电导体构成的传输媒介最基本的差别表现为它传输的信息是光束，而不是电气信号。因此，光纤传输的信号不受电磁的干扰，保密性能优异。

1.光纤的结构与类型

光纤由单根玻璃光纤、紧靠纤芯的包层及塑料保护涂层组成。为使用光纤传输信号，光纤两端必须配有光发射机和接收机，光发射机执行从光信号到电信号的转换。实现电光转换的通常是发光二极管或注入式激光二极管，实现光电转换的是光电二极管或光电三极管。

根据光在光纤中的传播方式，光纤有两种类型：多模光纤和单模光纤。多模光纤又根据包层的折射情况分为突变型折射光纤和渐变型折射光纤。以突变型折射光纤作为传输媒介时，发光管以小于临界角发射的所有光都在光缆包层界面进行反射，并通过多次内部反射沿纤芯传播。这种类型的光纤传输距离要低于单模光纤。多模突变型折射光纤的散射通过使用具有可变折射率的纤芯材料来减少，折射率随离开纤芯的距离增加导致光沿纤芯的传播类似正弦波。将纤芯直径减小到3～10 μm后，所有发射的光都沿直线传播，称为单模光纤。

从上述三种光纤接收的信号看，单模光纤接收的信号与输入的信号较为接近，多模渐变型折射光纤次之，多模突变型折射光纤接收的信号散射最严重，因而它所获得的速率最低。在网络工程中，一般选用规格为50/125 μm（芯径/包层直径，美国标准）的多模光纤，只有在户外布线大于2 km时才考虑选用单模光纤。常用单模光纤有8/125 μm、9/125 μm、10/125 μm三种。因为单模光纤传输距离长，一般采用无源连接，维护工作量极小，目前在智能小区内推荐敷设单模光纤。

2.光缆的种类

光缆由一组光纤组成，光纤工程实际使用的是光缆，通常采用双芯光缆和多芯光缆。双芯光缆就是光缆护套中有两根光纤的光缆，通常用于光纤局域网的主干网线，因为所有的局域网连接都同时需要一根发送光纤和一根接收光纤。多芯光缆包含三根到几百根不等的光纤。在一般情况下，多芯光缆中的光纤数目为偶数，因为所有的局域网连接都同时需要一根发送光纤和一根接收光纤。

按光缆在布线工程中的应用分类，光缆有以下三种：

（1）光纤跳线。光纤跳线是两端带有光纤连接器的光纤软线，适用于网卡与信息插座的连接以及传输设备间的连接，可以应用于管理间子系统、设备间子系统和工作区子系统。

（2）室内光缆。室内光缆的抗拉强度较小，保护层较差，但也更轻便、更经济。室内光缆主要适用于水平干线子系统和垂直干线子系统。

（3）室外光缆。室外光缆的抗拉强度较大，保护层较厚重，并且通常为铠装（即金属皮包裹）。室外光缆主要适用于建筑群子系统，常用敷设方式有直埋式和管道式两种。直埋式光缆最常见，它直接埋设在开挖的电信沟内，埋设完毕即填土掩埋，埋深一般为 0.8～1.2 m。而管道式光缆多应用于拥有电信管道的建筑群子系统布线工程中，其强度一般并不太大，但有非常好的防水性能。

对于开放型智能建筑，用户设备要与外部网络光纤设备直接沟通时，还需加装多/单模转换设备，完成楼内外不同类型光纤间的连接，这会造成重复施工和增加扩建资金，采用吹光纤技术是解决这一矛盾的可行方法。当前只敷设光纤护套空管，光纤在将来实际应用时，再直接吸入护套内。这已是成熟的技术，其优点是既可减少无用光纤点的敷设，也可减少综合布线初期投入。另外，吸入光纤的根数和性质（单模/多模）均可根据需要而定，因此这种方法具有很强的灵活性。这种设计适用于某些开放式办公环境综合布线的工程中。

四、与传输介质连接的硬件

在综合布线时要用到各种不同的连接部件，其中的一些部件用于传输介质的端接，这些部件被称为连接部件，它们在综合布线系统中占有非常重要的地位。连接部件的概念比较宽泛，包括所有的电缆和光缆端接部件，是用于端接通信介质和把通信介质与通信设备或其他介质连接起来的机械设备，其中包括各种信息插座、同轴电缆连接器、光纤连接器、配线架、配线盘和适配器等。

连接部件按照其功能不同，分为端接设备、配线接续设备、传输电子设备和电气保护设备等。

（一）传输介质的端接设备

在综合布线系统中，端接设备指的是传输介质接合所需的设备。

1.常用于双绞线的端接设备——信息插座

信息插座在综合布线系统中用作终端点，也就是终端设备连接或断开的端点。当它应用于水平区布线和工作区布线之间可进行管理的边界或接口时，在工作区一端将带有 8 针插头的软线插入插座；在水平子系统一端，将 4 对双绞线接到插座上。

与双绞线相连的信息插座主要包括以下几种：V 类非屏蔽双绞线信息插座，V 类信息插座，超 V 类信息插座模块，千兆位信息插座模块。

还有一种转换插座，用于在综合布线系统中实现不同类型的水平干线与工作区跳线的连接。目前，常见的转换插座是 FA3-10 型转换插座，这种插座可以实现 RJ-45 与 RJ-11（即 4 对非屏蔽双绞线与电话线）之间的连接，并可以充分应用已有资源，将 1 个 8 芯信息口转换出 4 个双芯电话线插座。

2.常用于光纤的端接设备——连接器

光纤连接器是光纤通信系统必需的无源器件，它实现了光通道的可拆式连接。大多数的光纤连接器由三部分组成：2 个配合插头和 1 个耦合器。2 个配合插头装进 2 根光纤尾端，耦合器起对准套管的作用。常见的光纤连接器有 SC 连接器、FC 连接器和 LC 连接器。LC 连接器所采用的插针和套筒的尺寸是普通 SC 连接器、FC 连接器等所用尺寸的一半，仅为 1.25 mm，能够提高光缆配线架中光纤连接器的密度，主要用作单模超小型连接器。

（二）传输介质的配线接续设备

综合布线系统中的配线接续设备主要用来端接和连接缆线。通过配线接续设备可以重新安排布线系统中的路由，使通信线路能够延续到建筑物内部的各个地点，从而实现通信线路的管理。配线接续设备分为电缆配线接续设备和光缆配线接续设备。

1.电缆配线接续设备

按接续设备在综合布线系统中的使用功能划分，电缆配线接续设备可分为以下几种：

（1）配线设备

配线设备即配线架（箱、柜）等。电缆配线架主要用于端接大型多线对干线电缆盒和一般的四线对水平电缆的导线。它的类型主要是 110 系列——美国电话电报公司设计的用于在干线接线间、二级接线间和设备间中端接或连接的线缆。端接的类型分 110A 和 110P 两种。110A 为夹接式管理型（Ⅲ类产品，支持 10 MB/s 传输速率），用于线路较稳定、很少变动的线路中；110P 为插接式管理型（Ⅴ类产品，支持 100 MB/s 传输速率），多用于将来有可能重组的线路中。这两种连接硬件的功能完全相同。

配线架在小型网络中是不需要的。如果在一间办公室内部建立一个网络，则可以根据每台计算机与交换机或集线器的距离选取 1 根双绞线，然后在每根双绞线的两端接 RJ-45 水晶头做成跳线，用跳线直接把计算机和交换机或集线器连接起来。如果计算机要在房间中移动位置，则只需要更换 1 根双绞线。而在综合布线系统中，网络一般要覆盖一座或几座楼宇。在布线过程中，一层楼上的所有终端都需要通过线缆连接到管理间中的分交换机上。这些线缆数量很多，如果都直接接入交换机，则很难辨别交换机接口与各终端间的关系，很难在管理间对各终端进行管理，而且在这些线缆中有一些暂时不使用，这些不使用的线缆接入了交换机或集线器的端口，也会浪费很多的网络资源。

在综合布线系统中，水平干线由信息插座直接连入管理间的配线架，在干线与配线架连接的位置，将为每一组连入配线架的线缆在相应的标签上做标记。在配线架的另一侧，每一组连入的线缆都将对应一个接口，如果与配线架相连房间的信息插座上连接了计算机或其他终端，则使用跳线将相应配线架另一侧的接口接入交换机就可以了。当计算机终端由一个房间移到另一个房间时，管理人员只需将网络跳线从配线架原来的接口取下，插到新房间对应的接口上即可。

（2）交接设备

交接设备包括配线盘（设在交接间的交接设备）和室外设置的交接箱等。配线盘是用来端接四线对水平电缆的设备，在配线盘的背面有一个端接模块，正面有一个八线位组合式连接 12 端口，常见的配线盘通常为 12、24、48 和 96 等端口配置。

（3）分线设备

分线设备指电缆分线盒等。电缆分线盒主要是应用于电缆网络中干线与用户支线的分线设备。

2.光缆配线接续设备

光缆配线接续设备是光缆线路进行光纤终端连接或分支配线的重要部件，具有保护和存储光纤的作用。因配线接续设备的类型较多，其功能、用途、安装方式、外形结构和安装插合有所不同。一般的光缆配线接续设备主要有光纤配线架、光纤配线箱和光纤终端盘等。此外，还有光缆交接箱等设备，它们的用途有所不同。

光纤配线架是室内通信设施和外来光缆线路互相连接的大型配线接续设备，通常作为机械和线路划分的分界点，通常安装在智能建筑中设备间或重要的交接间内。光纤配线箱的功能与光纤配线架完全相同，但容纳的光纤芯数较少，一般用于分支段或次要的场合。光纤终端盘与光纤配线架和配线箱同属终端连接设备，但其容纳光纤数量更少，适用于与设备光纤之间的连接，其内部结构、外形尺寸和安装方式都与光纤配线架不同。

光缆交接箱是一种室外使用的配线接续设备，主要用于光缆接入网中主干光缆和分支（又称配线）光缆的相互连接，以便调度和连接光纤。从内部结构的连接方式来分，有跳线连接和直接连接两种系列产品。

（三）其他连接设备

1.传输电子设备

传输电子设备主要包括工作站接口设备和光纤多路复用器。

（1）工作站接口设备

工作站接口设备可以改善或变换来自数字设备的数字信号，使其能沿着综合布线系统中的双绞线传输，通过光纤发送和接收信号。

工作站接口设备主要包括介质适配器和数据单元。介质适配器可将数据设备的数据传输到综合布线系统中的传输介质——双绞线。介质适配器综合考虑了平衡、轴向滤波和阻抗数据单元用来调整数据，可扩展数据设备的传输距离，并保证信号可以在综合布线系统中的双绞线上与其他信号进行无干扰传输，其电源可取自数据终端设备或使用外部电源。

（2）光纤多路复用器

综合布线系统中的光纤多路复用器实现了通过光纤传输数据，又称光电转换设备。光纤不受电磁波的干扰，可增强线路的可靠性，增大数字信号的传输距离。光纤多路复用器通常成对使用，一个光纤多路复用器将多路电信号转换组合成光波脉冲，通过光纤传输到另一个光纤多路复用器，第二个光纤多路复用器接收光信号，并将其分离转换为多路电信号，然后传送到相应的终端。

2.电气保护设备

电气保护的目的主要是减小电气事故对布线系统中用户的危害，减少对布线系统自身、连接设备和网络体系等的电气损害。

为了避免电气损害，综合布线系统中的部件专门配有各种型号的多线对保护架。这些保护架使用可更换的插入式保护单元，避免建筑物中的布线受到雷电危害，且每个保护单元内装有气体放电管保护器或固态保护器。

五、综合布线系统的配置标准

配置基本原则是配线（水平）布线子系统的配置应考虑远期的发展，尽量满足较长时间内的需求。但主干线子系统则从工程实际应用出发，既要满足当前和近期要求，又要节省工程投资；满足综合布线国家标准和相关行业标准要求；合理划分工作区；结合电话交换机系统和计算机局域网的设计，语音和数据信息等的配线系统分别进行配置；缆线和接插件配置数量在满足实际需求的同时，留有充分的冗余量；产品等级选用要适应产品的技术发展和市场的价格因素。

在进行智能建筑的工程设计时，可根据用户的实际需要和通信技术的发展趋势，选择适当的配置标准。目前，在工程实践中，综合布线系统有三种不同类型的配置标准。

基本型配置适用于目前大多数场合，具有要求不高、经济有效、适应发展和逐步过渡到高级别的特点，一般用于配置标准要求不高的场合。增强型配置能支持语音和数据系统使用，具有增强功能和适应今后发展的特性，适用于中等配置标准的场合。而综合型配置功能齐全，能满足各种通信要求，适用于配置标准很高的场合，如规模较大的智能建筑等。所有基本型、增强型和综合型布线系统都能够支持语音/数据等系统，并能随着工程的需要转为更多功能的布线系统。它们的区别主要在于支持语音/数据服务所采取的方式有所不同，在移动和重新布局时线路管理的灵活性也不一样。随着多媒体技术的不断发展，对通信系统的性能要求不断提高，全光纤的综合型综合布线系统必然会得到更加广泛的应用。

六、综合布线系统的设计

（一）综合布线系统的总体设计

智能建筑的综合布线系统设计是一项复杂的工作，其中总体设计包括对系统进行需求分析、系统的整体规划、系统信息点的规划、各子系统的设计及附属或配套部分的设计。总体设计最好与建筑方案设计同步进行。

1.对系统进行需求分析

现代智能建筑多是集商业、金融、娱乐、办公及酒店于一身的综合性多功能大厦。建筑内各部门、各单位由于业务不同、工作性质不同，对布线系统的要求也各不相同，有的要求数据处理点的数量多一些，有的却对通信系统有特别的要求。在进行布线系统的总体设计时，作为布线系统总体设计的第一步，必须对建筑种类、建筑结构、用户需求进行确定，结合信息需求的程度和今后信息业务发展状况，对现在和若干年以后的发展要求都尽可能进行详细深入的了解，在掌握了需求的第一手资料的基础上对需求作深入分析。

2.系统的整体规划

综合布线系统的整体规划，必须在仔细研究建筑设计和现场勘察布线环境后作出，其主要工作包括：①规划公用信息网的进网位置、电缆竖井位置；②楼层配线架的位置；③数据中心机房的位置；④程控交换机机房的位置；⑤与智能建筑各子系统的连接。

3.系统信息点的规划

布线系统信息点在规划时可考虑的种类有：

（1）计算机信息点（数据信息点）。在规划计算机信息点时，必须根据各种不同情况分别处理：对于写字楼办公室，国内一般估算每个工作站点占地面积为 8～10 m^2，据此推算出每间写字楼办公室应用多少个计算机信息点；普通办公室按拥有一个计算机信息点设计，银行计算机信息点的密度要大一些。

（2）电话信息点。内线电话信息点的分配密度较直拨电话信息点大，内线电话作为直拨电话的一种补充，要求有一定富余量。

（3）与楼宇自动化系统的接口。在考虑系统信息点的数量与分布时，楼宇自动化系统中的接口也必须考虑其中。目前，这些接口主要有楼宇设备监控系统的接口、消防报警系统的接口和闭路电视监控系统的接口等。

（4）信息点分布表。将上述工作的成果列表显示，全面反映建筑内信息点的数量和位置。

4.各子系统的设计

综合布线系统子系统的设计指工作区子系统的设计、水平子系统的设计、垂直干线子系统的设计、管理间子系统的设计、设备间子系统的设计、建筑群子系统的设计，要明确各系统的功能和要求。

5.附属或配套部分的设计

综合布线系统的附属或配套部分设计主要指以下三个方面：

（1）电源设计。主要指交直流电源的设备（包括计算机、电话交换机等系统的电源）选用和安装方法。

（2）保护设计。综合布线系统在可能遭受各种外界电磁干扰源（如各种电气装置、无线电干扰、高压电线及强噪声环境等）的影响时，采取的防护和接地等技术措施的设计。综合布线系统要求采用全屏蔽技术时，应选用屏蔽线缆和屏蔽配线设备。在工程设计中，该系统应有详尽的屏蔽要求和具体做法（如屏蔽层的连续性和符合接地标准要求的接地体等）。

（3）土建工艺要求。对于综合布线系统中的设备间和交换间，设计中要对其位置、数量、面积、门窗和内部装修等建筑工艺提出要求。此外，上述房间的电气照明、空调、防火和接地等在设计中都应有明确的要求。

（二）综合布线系统的技术设计

技术设计是在总体设计的基础进行的确定技术细节的详细设计。线路的走向分为两种，即水平方向和垂直方向。水平方向的走线比较容易布置，空间也较大，而垂直方向走线布置于各个层间的设备小间内，智能建筑内部的设备小间主要布置网络设备和跳线架，因此需要在设计时注意在层面上留出弱电井或通信间，为垂直方向走线做准备。

（三）建筑群子系统的设计

主干传输线路方式的设计极为重要，在建筑群子系统应按以下基本要求进行设计：

（1）建筑群子系统设计应注意所在地区（包括校园、街坊或居住小区）的整体布局，传输线路的系统分布应根据所在地区的环境规划要求，有计划地实现传输线路的隐蔽化和地下化。

（2）设计时，应根据建筑群体信息需求的数量、时间和具体地点，结合小区近远期规划设计方案，采取相应的技术措施和实施方案，慎重确定线缆容量和敷设路线，要使传输线路建成后保持相对稳定，且能满足今后一定时期内扩展的需要。

（3）建筑群子系统是建筑群体综合布线系统的骨架，它必须根据小区的总平面布置（包括道路和绿化等布局）和用户信息点的分布等情况来设计。其内容包括该地区传输线路的分布和引入各幢建筑的线路两部分。

在进行建筑群子系统设计时除上述要求外，还要注意以下要点：

（1）线路路线应尽量短捷、平直，经过用户信息点密集的楼群。

（2）线路路线应选择在较永久的道路上敷设，并应符合有关标准规定和其他地上或地下各种管线以及建筑物间最小净距的要求。除因地形或敷设条件的限制，必须与其他管线合沟或合杆外，通信传输线路与电力线路应分开敷设或安装，并保持一定的间距。

（3）建筑群子系统的主干传输线路分支到各幢建筑的引入段，应以地下引入为主。如果采用架空方式（如墙面电缆引入），则应尽量采取隐蔽引入的方式。

（四）设备间子系统的设计

设备间子系统的设计应符合下列要求：

（1）设备间应处于建筑物的中心位置，便于垂直干线线缆的上下布置。当引入大楼的中继线缆采用光缆时，设备间通常设置在建筑物总高（离地）的1/4～1/3楼层处。当系统采用建筑楼群布线时，设备间应处于建筑楼群的中心，并位于主建筑的底层或二层。

（2）设备间应有空调系统，室温应控制在18～27 ℃，相对湿度应控制在60%～80%，以防止有害气体（如SO_2、H_2S、NH_3、NO_2）等侵入。

（3）设备间应安装符合国家法规要求的消防系统，采用防火防盗门以及至少耐火1 h的防火墙；房内所有通信设备都有足够的安装操作空间；设备间的内部装修、空调设备系统和电气照明等安装应满足工艺要求，并在装机前施工完毕。

（4）设备间内所有进线终端设备宜采用色标以区别各类用途的配线区。

（5）设备间应采用防静电的活动地板，并架空0.25～0.3 m高度，便于通信设备大量线缆的安放走线。活动地板平均荷载不应小于 500 kg/m^2。室内净高不应小于 2.55 m，大门的净高不应小于 2.1 m（当用活动地板时，大门的高度不应小于 2.5 m），大门净宽不应小于 0.9 m。凡要安装综合布线硬件的部位，墙壁和天花板处应涂阻燃油漆。

（6）设备间的水平面照度应大于 150 lx，最好大于 300 lx。照明分路控制要灵活、方便。

（7）设备间应避免电磁源的干扰，并设置接地装置。

（8）设备间内安放计算机通信设备时，使用电源按照计算机设备电源要求进行。

（五）管理间子系统的设计

1.管理间子系统的功能

管理间子系统设置在每层配线设备的房间内，它由交接间的配线设备、输入/输出设备等组成。管理间子系统可应用于设备间子系统。

从功能上来讲，管理间子系统提供了与其他子系统连接的手段。交接使得有可能安排或重新安排路由，因而通信线路能够延续到连接建筑物内部的各个信息插座，从而实现综合布线系统的管理。每座大楼至少应有一个管理间子系统或设备间。管理间子系统具有以下三大功能：

（1）水平/主干连接。管理区内有部分主干布线和部分水平布线的机械终端，为无源（如交叉连接）或有源或用于两个系统连接的设备提供设施（空间、电力、接地等）。

（2）主干布线系统的相互连接。管理区内有主干布线系统不同部分的中间跳接箱和主跳接箱，为无源或有源或两个系统的互联或主干布线的更多部分提供设施（空间、电力、接地等）。

（3）入楼设备。管理区设有分界点和大楼间的入楼设备，为用于分界点相互连接的有源或无源设备、楼间入楼设备或通信布线系统提供设施。

2.管理间子系统的交连形式

管理间子系统常见的交连形式有以下三种：

（1）单点管理单交连。这种方式使用的场合较少。

（2）单点管理双交连。管理间子系统宜采用单点管理双交连。单点管理位于设备间里面的交换设备或互联设备附近，通过线路不进行跳线管理，直接连至用户工作区或配线间里面的第二个接线交接区。如果没有配线间，则第二个交连可放在用户间的墙壁上。

（3）双点管理双交连。当低矮而又宽阔的建筑物（如机场、大型商场）管理规模较大、较复杂时，多采用二级交接间，设置双点管理双交连。双点管理除在设备间里有一个管理点之外，在配线间仍为一级管理交接（跳线）。在二级交接间或用户房间的墙壁上还有第二个可管理的交接。双交接要经过二级交接设备。第二个交连可能是一个连接块，它对一个接线块或多个终端块（其配线场与站场各自独立）的配线和站场进行组合。

3.管理间子系统的设计要求

在进行管理间子系统设计时，应符合下列要求：

（1）交接区应有良好的标记系统，如建筑物名称、建筑物位置、区号、起始点和功能等。

（2）交接间及二级交接间的配线设备宜采用色标区别各类用途的配线区。

（3）当对楼层上的线路较少进行修改、移位或重新组合时，交接设备连接方式宜使用夹接线方式；当需要经常重组线路时，交接设备连接方式宜使用插接方式；在交接场之间应留出空间，以便容纳未来扩充的交接硬件。

（六）垂直干线子系统的设计

垂直干线子系统的设计应符合下列要求：

（1）所需要的电缆总对数和光纤芯数，其容量可按国家有关规范的要求确定；应采用光缆或超V类以上的双绞线，双绞线的长度不超过 90 m。

（2）应选择干线电缆最短、最安全的路线，宜使用带门的封闭型综合布线专用的通道敷设干线电缆。可与弱电竖井合用，但不能布放在电梯、供水、供气、供暖和强电等竖井中。

（3）干线电缆宜采用点对点端接或分支递减端接。

（4）如果需要把语音信号和数据信号引入不同的设备间，在设计时可选取不同的干线电缆或干线电缆的不同部分来分别满足不同路由语音和数据的需要。

（七）水平子系统的设计

水平子系统由工作区的信息插座、楼层配线架、配线架的配线线缆和跳线等组成，其设计应遵照下列要求：首先，根据智能建筑近期或远期需要的通信业务种类和大致用量等情况选用传输线路和终端设备。其次，根据传输业务的具体要求确定每个楼层通信引出端（即信息插座）的数量和具体位置；同时对终端设备将来有可能发生增加、移动、拆除和调整等变化情况有所估计，在设计中对这些可能变化的因素应尽量在技术方案中予以考虑，力求做到灵活性强、适应变化能力强，以满足今后通信业务的需要。最后，可以选择一次性建成或分期建成。

水平布线可根据建筑物的具体情况选择在地板下或地平面中安装，也可以选择在楼层吊顶内安装。

（八）工作区子系统的设计

工作区子系统的设计应符合下列要求：

（1）一个独立的需要设置终端设备的区域宜划分为一个工作区。工作区应由水平布线系统的信息插座延伸到工作站终端设备处的连接电缆及适配器组成。一个工作区的服务面积可按 8～10 m^2 估算，或按不同的应用场合调整面积的大小。

（2）每个工作区信息插座的数量和具体位置按系统的配置标准确定。

（3）选择合适的适配器，使系统的输出与用户的终端设备兼容。

（九）系统的屏蔽设计

完整的屏蔽措施可以有效地改善综合布线系统的电磁兼容性，大大提高系统的抗干扰能力。采取屏蔽措施时，对于布线部件和配线设备的具体要求如下：

（1）在整个信道上屏蔽措施应连续有效，不应有中断或屏蔽措施不良现象。

（2）系统中所有电缆和连接硬件，都必须具有良好的屏蔽性能，无明显的电磁泄漏，各种屏蔽布线部件的转移阻抗应符合相关标准的要求。

（3）工作区电缆和设备电缆以及有关设备的附件都应具有屏蔽性能，并满足屏蔽连续不间断的需要。

（4）系统中所有电缆和连接硬件，都必须按有关施工标准准确无误地敷设和安装；在具体操作过程中应特别注意连接硬件的屏蔽和电缆屏蔽的终端连接，不能有中断或接触不良现象。

（十）系统的接地设计

综合布线系统采用屏蔽措施后，必须装配良好的接地系统，否则将会大大降低屏蔽效果，甚至会适得其反。接地的具体要求如下：

（1）系统的接地设计应按《建筑物电子信息系统防雷技术规范》（GB

50343—2012）进行。接地的工艺要求和具体操作应依照有关施工规范。

（2）系统的所有电缆屏蔽层应连续不断，汇接到楼层配线架或建筑物配线架后，再汇接到总接地系统。

（3）汇接的接地设计应符合以下要求：①接地线路的路由应是永久性敷设路径并保持连续。当某个设备或机架需要采取单独设置或汇接时，应直接汇接到总接地系统，并应防止中断；②系统的所有电缆屏蔽层应互相连通，为各个部分提供连续不断的接地途径；③接地电阻值应符合有关标准或规范的要求，如采用联合接地体时，接地电阻不应大于 10 Ω。

（4）综合布线系统的接地宜与智能建筑其他系统的接地汇接在一起，形成联合接地或单点接地，以免两个及两个以上的接地体之间产生电位差。若有两个系统的接地体，则要求它们之间应有较低的阻抗，同时它们之间的接地电位差有效值应小于 1 V。如果不能保证接地电位差有效值小于 1 V，则应采取技术措施解决，如采用光缆等。

七、综合布线系统与其他系统的连接

综合布线系统是以建筑环境控制和管理为主的布线系统，是一个模块化的灵活性极高的建筑布线网络。它可以连接语音、数据、图像以及各种楼宇控制和管理设备。目前，智能建筑的各个相关子系统都可通过综合布线系统连接在一起。

目前，广泛使用的综合布线系统与楼宇自动化系统的集成尚有一定的距离，具体情况如下：

（一）综合布线系统与楼宇自动化系统

楼宇自动化系统是智能建筑中的重要组成部分，是 20 世纪 70 年代随着计算机技术发展而出现的。它的主要基础是现代计算机技术、现代控制技术、现代通信技术和现代图形显示技术。楼宇自动化系统分硬件和软件两个部分。其硬件部分主要有集中操作管理装置、分散过程控制装置和通信接口设备等，通过通信网络将这些硬件设备连接起来，共同实现数据采集、分散控制和集中监视、操作及管理等功能。

当前，楼宇自动化系统都采用分层分布式结构。整个系统分成三层，每层之间均有通信传输线路（又称传输信号线路）相互连接形成整体。因此，楼宇自动化系统结构是由第 1 层的中央管理计算机系统、第 2 层的区域智能分站（现场控制设备）和第 3 层的数据控制终端设备组成的。

中央管理计算机系统实施集中操作，还有显示、报警、打印与优化控制等功能。智能分站通过传输信号线路和传感元件对现场各监测点的数据定期采集，将现场采集的数据及时传送到上位管理计算机；同时，接收上位管理计算机下达的实时指令，通过信号控制线控制执行元件动作，完成对现场设备的控制。传感元件和执行元件称为终端设备，传感元件对温度、湿度、流量、压力、有害气体和火灾等监测对象进行监测，执行元件对水泵、阀门、控制器和执行开关等进行调节或开关。

目前，综合布线系统与楼宇自动化系统的集成工作，主要体现在如何确定综合利用的通信线路和安装施工协调两个方面。

1.楼宇自动化系统的通信线路

目前，楼宇自动化系统各子系统中常用的线缆类型，主要有电源线、传输信号线和控制信号线三种。电源线一般采用铜芯聚氯乙烯绝缘线；传输信号线通常采用 50 Ω、75 Ω、93 Ω 等同轴电缆和双绞线等，有非屏蔽和屏蔽两种类型；控制信号线一般采用普通铜芯导线或信号控制电缆。由此可见，楼宇自动化系统所用的线缆类型只有传输信号线可与综合布线系统综合利用，这种技术方案也能简化网络结构，降低工程建设造价和日常维护费用，方便安装和管理工作。此时，应统一线缆类型、品种和规格，并注意：

（1）楼宇自动化系统品种类型较多，有星形、环形和总线等不同的网络拓扑结构，其终端设备使用性质各不相同，且它们的装设位置也极为分散。而综合布线系统的网络拓扑结构为星形，各种线缆子系统的分布并不完全与各个设备系统相符，因此在综合布线系统设计中，不能强求集成，而应结合实际有条件地将部分具体线路纳入综合布线系统中。

（2）按照国家标准规定，火灾报警和消防专用的信号控制传输线路应单独设置，不得与楼宇自动化系统的低压信号线路合用。因此，这些线路也不应纳入综合布线系统中。

（3）楼宇自动化系统在传输信号时，有可能产生电缆线路短路、过压或过流等问题，必须采取相应的保护措施，不能因线路障碍或处理不当，将交直流高电压或高电流引入综合布线系统而引发更严重的事故。

当利用综合布线系统作为传输信号线路时，综合布线系统通过装配有 RJ-45 插头的适配器与建筑环境控制和监测设备的网络接口或直接数字控制器相连。经过综合布线系统的双绞线和配线架上多次交叉连接（跳接）后，形成楼宇自动化系统中的中央集中监控设备与（分散式）直接数字控制设备之间的链路。此时，（分散式）直接数字控制设备与各传感器之间也可利用综合布线系统中的线缆（屏蔽或非屏蔽）和 RJ-45 插头等器件构成连接链路。

2.综合布线系统与楼宇自动化系统的安装施工协调

智能建筑中楼宇自动化系统的信号传输线路利用综合布线时，其线路安装敷设应根据所在的具体环境和客观要求，统一考虑选用符合工艺要求的安装施工方法，并注意以下五点：

（1）楼宇自动化系统水平敷设的通信传输线路，其敷设方式可与综合布线系统的水平布线子系统相结合，采取相同的施工方式，如在吊顶内或地板下。

（2）当楼宇自动化系统的通信传输线路采取分期敷设的方案时，通信传输线路所需的暗敷管路、线槽和槽道（或桥架）等设施，都应预留扩展余量（如暗敷管路留有备用管、线槽或槽道内部的净空应有富余空间等），以便满足今后增设线缆的需要。

（3）应尽量避免通信传输线路与电源线在无屏蔽的情况下长距离地平行敷设。如果必须平行敷设，则两种线路之间的间距宜保持 0.3 m 以上，以免影响信号的正常传输。如果在同一金属槽道内敷设，则它们之间应设置金属隔离件（如金属隔离板）。

（4）在高层的智能建筑内，当客观条件允许时，楼宇自动化系统的主干传输信号线路，应在单独设置通信和弱电线路专用的电缆竖井或上升房中敷设；当必须与其他线路合用同一电缆竖井时，应根据有关设计标准的规定保持一定的间距。

（5）在一般性而无特殊要求的场合，且使用双绞线的，应采用在暗敷的金属管或塑料管中穿放的方式；如果有金属线槽或带有盖板的槽道（有时为桥架）可以利用，且符合保护线缆和传送信号的要求，则可采取线槽或槽道的建筑方式。所有双绞线、对称电缆和同轴电缆都不应与其他线路同管穿放，尤其是不应与电源线同管敷设。

（二）综合布线系统与电话系统

传统 2 芯线电话机与综合布线系统之间的连接通常是在各部电话机的输出线端头上装配 1 个 RJ-11 插头，然后将其插在信息出线盒面板的 8 芯插孔上。在 8 芯插孔外插上连接器（适配器）插头后，就可将 1 个 8 芯插座转换成 2 个 4 芯插座，供两部装配有 RJ-11 插头的传统电话机使用。采用连接器也可将 1 个 8 芯插座转换成 1 个 6 芯插座和 1 个 2 芯插座，供装有 6 芯插头的电脑终端以及装有 2 芯插头的电话机使用。此时，系统除在信息插座上装配连接器（适配器）外，还需在楼层配线架和主配线架上进行交叉连接（跳接），构成终端设备对内或对外传输信号的连接线路。

数字用户交换机与综合布线系统之间的连接是由当地电话局中继线引入

建筑物的，经系统配线架（交接配线架）外侧上的过流过压保护装置后，跳接至内侧配线架与用户交换机设备连接。用户交换机与分机电话之间的连接是由系统配线架上经几次交叉连接（跳接）后形成的。

建筑物内直拨外线电话（或专线线路上的通信设备）与综合布线系统之间的连接是由当地电话局直拨外线引入建筑物后，经配线架外侧上的过流过压保护装置和各配线架上几次交叉连接（跳接）后构成的直拨外线电话线路。

（三）综合布线系统与计算机网络系统

计算机网络与综合布线系统之间的连接，是先在计算机终端扩展槽上插上带有 RJ-45 插孔的网卡，然后再用一条两端配有 RJ-45 插头的线缆，分别插在网卡的插孔和布线系统信息出线盒的插孔上，并在主配线架与楼层配线架上进行交叉连接或直接连接后，就可与其他计算机设备构成计算机网络系统。

（四）综合布线系统与电视监控系统

电视监控系统中所有现场的彩色（或黑白）摄像机（附带遥控云台及变焦镜头的解码器），除采用传统的同轴屏蔽视频电缆（75 Ω）和屏蔽控制信号电缆，与控制室控制切换设备连接构成电视监控系统的方法外，还可采用综合布线系统中非屏蔽双绞线缆（100 Ω）为链路，以及采用视频信号、控制信号（如 RS232 标准）适配器与监视部分、控制室部分的电子监控设备相匹配连接后，构成各摄像机及解码器与监控室控制切换设备之间采用综合布线系统进行通信的监控电视系统的方法。

第三节　消防报警系统

一、消防报警系统概述

消防报警系统在现代智能建筑中起着极其重要的安全保障作用。消防报警系统属于建筑智能化系统的一个子系统，但其又要能在完全脱离其他系统或网络的情况下独立正常运行和操作，完成自身所具有的防灾和灭火的功能，具有绝对的优先权。消防报警系统的结构、组成、功能都应符合中国现行的标准、规范。

消防报警系统的主要功能是通过设置在建筑物内的火灾探测器及人工报警装置，实现对火灾发生部位、火灾情况的早期自动预报及人工报警，并通过相关控制设备，实现自动灭火、提醒人群疏散等功能。

二、消防报警系统的结构和组成

（一）消防报警系统的结构

先进的消防报警系统采用模块化结构的控制主机，并运用双 CPU 技术，大大提高了系统的可靠性。同时其主机的大液晶显示屏，提供的信息量大，操作方便。系统应可以纳入最新 MSR 智能探测器、烟温复合探测器等，并具有大容量软地址设定的功能，采用智能型数据总线技术提供报警的准确性，并具有可通过控制主机通信与建筑设备管理系统集成系统联网的能力。

（二）消防报警系统的组成

消防报警系统按照中国现行的规范要求，应是一个独立的系统，由独立的消防控制室、控制主机、探测器、控制模块等组成。

消防报警系统具有自己的网络系统和布线系统，以实现在任何情况下都可以独立运行、操作和管理。

随着计算机技术和网络技术的发展，独立消防报警系统与楼宇监控管理系统联网已经实现，从而达到对消防报警系统的二次监视和信息共享；并通过提供综合保安管理系统、建筑设备自控系统、广播系统以及有线/无线通信系统等相应的联动功能，来提高防范火患和降低火灾损失的能力。

现代化的消防报警系统应具有联网和提供通信接口界面的能力。一般联网的方式是由网关提供与建筑设备管理系统网络的连接和协议的转换，以实现火灾监控管理工作站与建筑设备管理系统工作站同处一个并行处理分布式计算机网络中。

现代化的消防报警系统能够实时显示火灾报警的位置和状态，并提供建筑设备管理系统以至智能化集成系统的集成联动功能。建筑设备管理系统监控管理中心是消防报警系统的二次管理中心。

三、火灾报警与联动控制

（一）火灾报警

自动报警：火灾发生后，会产生大量烟雾及发光、发热，探测器（烟感、温感）将探测到的烟雾及温度信息传回控制室内的消防主机，经主机分析数据后确定是火灾还是误报，如果是火灾则报警，并显示火灾发生部位。

人工报警：人们在发现火灾后，按动消防按钮，控制室的主机上会马上显示报警信息及火灾部位。

（二）联动控制

火灾发生后，会发生一系列联动操作：

（1）启动着火层及其上下层的警铃，警示人们发生火灾，同时开始广播，通知大家火灾部位及指导疏散。

（2）关掉强电电源，防止喷水灭火时人员触电，同时打开应急灯。

（3）打开屋顶排烟风机及着火层的排烟阀，将火灾现场的烟雾排出，防止人员被烟雾熏倒，但当烟雾温度达到 280 ℃时，风机关闭，防止火灾扩散至其他区域。

（4）打开屋顶正压送风机及着火层的正压送风阀，防止烟雾进入消防前室而影响人员疏散。

（5）当烟雾探测报警时，卷帘门下降到距地 1.8 m，防止烟雾扩散至其他防火分区，同时给人员以疏散的通道；当温度探测器报警时，卷帘门下降到底（此时，火势已经很大），同时关闭防火门。

（6）楼层显示器显示火灾部位，以使消防人员迅速到达现场。

（7）除消防电梯外，其他客梯全部下降到一层，并关掉电源，以防人员使用。扶梯停止运行。

（8）关掉空调机、新风机、送/排风机等，以防火势沿风道蔓延。

（9）消防人员到达现场后，可利用电话插孔或电话机与控制室联络。

（10）消防人员采用消火栓灭火，同时按动消防按钮，启动消防泵。

（11）喷淋头探测到火灾并达到一定温度时，喷淋头破裂喷水灭火，楼层的水流指示器动作，喷淋泵上湿式报警阀压力继电器动作联动喷淋泵，同时水力警铃动作，警示火灾发生。

（12）当消防控制室发现火灾并确认后，可手动启动消防泵、排烟风机等。

四、集-散型智能火灾报警、联控设备

以北京狮岛消防电子有限公司生产的集-散型智能火灾报警、联控设备，SD2100A 型 9 个 I/O 子站构成的系统为例，其探测联动部件全部采用 2 总线、无极性连接。优点有：主站—子站为集-散型报警、联控系统，可靠性高；具有开放性，能与楼宇自动化系统、安保自动化子系统联网；可扩展，单机容量 8 128 点，可任意组合大容量；容错性能好；子站 I/O 相对独立，抗干扰能力强；机柜、主站、子站、报警、联动一体化，适应性好。电力电缆采用了线型温感探测器进行保护，商住部分厨房设置了可燃气体探测报警。

五、气体灭火装置气溶胶 EBM 联动控制设计

智能建筑中的计算机房、通信机房、广播机房及其他重要设施用房，按相关防火规范设置气体灭火装置。目前，较多采用 CO_2 气体灭火，卤代烷 1211 和 1301 的使用已受限制，因此人们设计了 EBM 气溶胶灭火控制系统，房间设置烟、温探测器。当一种探测器报警时，固定式 EBM 气溶胶自动灭火装置启动器发出光报警——指示灯闪亮；温度或烟浓度使另一种探测器也报警时，启动器发出声光报警信号，并延时 30 s 后，气溶胶喷出将火扑灭。每台 EBM 灭火装置起动电压为 DC 24 V（±2 V），起动电流为 1 A。

第四节　智能照明系统

一、智能照明系统概述

随着生活水平的不断提高，人们对工作和生活环境的要求越来越高，同时对照明系统的要求也越来越高。照明领域的能源消耗在总的能源消耗中占了相当大的比重，节约能源和提高照明质量是当务之急。照明用电作为电力消耗的重要部分，已经占到了电力消耗的 10% 左右，并且随着中国国民经济的迅猛发展和人民生活水平的不断提高，照明用电还将不断增加。

此外，传统照明技术受到了强烈冲击。一方面，信息技术和计算机技术的发展为照明技术的变化提供了技术支撑；另一方面，由于能源的紧缺，国家对照明节能越来越重视，新型的照明技术得以迅速发展，以满足使用者对节约能源、舒适性、方便性的要求。

智能照明系统是一种先进的照明控制方式，它采用全数字、模块化、分布式的系统结构，通过Ⅴ类控制线将系统中的各种控制功能模块及部件连接成一个照明控制网络。它可以作为整个楼宇自动化系统的一个子系统，通过网络软件接入楼宇自动化系统，也能作为独立系统单独运行，在照明控制实现手段上更专业、更灵活，可实现对各种照明灯的调光控制或开关控制，是实现舒适照明的有效手段，也是节能的有效措施。

智能照明系统可对白炽灯、日光灯、节能灯、石英灯等多种光源进行调光，满足各种环境对照明的要求，其适用范围如下：大型公共建筑，如会展中心、航站楼、客运站、体育场馆、大型商场等；博物馆、美术馆、图书馆等文化建筑和教学建筑；星级酒店和高档写字楼的宴会厅、多功能厅、会议室、大堂、走道等场所。

通过采用智能照明系统，可实现以下控制功能：

（1）时钟控制：通过时间设定实现各照明区域的不同控制。

（2）调光控制：通过照度探测器和调光模块，使各区域照度值始终在预先设定值范围。

（3）区域场景控制：通过控制面板和调光模块，实现各照明区域的场景切换控制。

（4）动静探测控制：通过动静探测器和调光/开关模块，实现各照明区域的自动开关控制。

（5）手动遥控器控制：通过红外线遥控器，实现在正常状态下各区域内照明灯具的手动控制和区域场景控制。

（6）应急照明控制：系统对特殊区域内的应急照明所执行的控制。

二、智能照明系统的组成与控制原理

智能照明系统通常主要由调光模块、继电器模块、控制面板、液晶显示触摸屏、智能传感器、场景定时模块、通信协议转换模块等部件组成。

智能照明系统是基于计算机控制平台的全数字、模块化、分布式总线型控制系统。中央处理器、模块之间通过网络总线直接通信，利用总线使照明、调光、场景控制等实现智能化，并形成一个完整的总线系统。可依据外部环境的变化自动调节总线中设备的状态，达到安全、节能、人性化的效果，并能在今后的使用中根据用户的要求通过计算机重新编程来增加或修改系统的功能，而无须重新敷设电缆。智能照明控制系统的可靠性高，控制灵活，是传统照明控制方式所无法比拟的。

（1）线路系统：总线式智能照明简单的开关特点是负载回路连线接到输出单元的输出端，控制开关用 4 芯通信线与输出单元相连。负载容量较大时仅考虑加大输出单元容量，控制开关不受影响；开关距离较远时，只需增加相应的 CANHub 智能设备；可通过软件设置多种功能（开/关、调光、定时等）。

（2）控制方式：智能照明控制，控制功能强、方式多、范围广、自动化程度高，通过实现场景的预设置和记忆功能，操作时只需按一下控制面板上的某个键即可启动一个灯光场景（各照明回路不同的亮暗搭配组成一种灯光效果），各照明回路随即自动变换到相应的状态。上述功能也可以通过其他方式（如遥控器等）实现。

（3）照明方式：智能照明系统采用“调光模块”，通过调光在不同使用场合产生不同灯光效果，营造出不同的氛围。

（4）管理方式：传统控制对照明的管理是人为化的管理，而智能控制系统可实现能源管理自动化，通过分布式网络，只需一台计算机就可实现对整幢大楼的管理。

三、智能照明系统应用潜力分析

（一）良好的节能效果

采用智能照明系统的主要目的是节约能源，智能照明系统能够借助各种不同的预设置控制方式和控制元件，对不同时间、不同环境的光照度进行精确设置和合理管理，实现节能。这种自动调节照度的方式，能充分利用室外的自然光，只有必要时才把灯点亮或点到要求的亮度，利用最少的能源保证所要求的照度水平，节电效果十分明显，一般可达 30%以上。此外，还可以通过智能照明系统对荧光灯等进行调光控制，荧光灯采用了有源滤波技术的可调光电子镇流器，降低了谐波的含量，提高了功率因数，降低了低压无功损耗。

（二）延长光源寿命

智能照明系统不仅可以节省大量资金，而且大大减少了更换灯管的工作量，降低了照明系统的运行费用，管理维护也较为简单。

无论是热辐射光源，还是气体放电光源，电网电压的波动都是光源损坏的一个主要原因。因此，有效地抑制电网电压的波动可以延长光源的寿命。智能照明系统能成功地抑制电网的浪涌电压；同时具备了电压限定和扼流滤波等功能，避免过电压和欠电压对光源的损害；还采用软启动和软关断技术，避免了冲击电流对光源的损害。通过上述方法，光源的寿命通常可延长 2～4 倍。

（三）改善工作环境，提高工作效率

良好的工作环境是提高工作效率的一个必要条件。良好的设计，合理选用的光源、灯具以及优良的照明控制系统，都能提高照明质量。

智能照明系统以调光模块控制面板代替传统的平开关控制灯具，可以有效地控制各房间内整体的照度值，从而提高照度均匀性。同时，这种控制方式内所采用的电气元件也解决了频闪效应，不会使人产生头昏脑涨、眼睛疲劳的感觉。

（四）实现多种照明效果

多种照明控制方式，可以使同一建筑物具备多种灯光艺术效果，为建筑增色不少。在现代建筑物中，照明不应只为满足人们视觉上的明暗效果，更应具备多种控制方案，使建筑物更加生动，艺术性更强，给人丰富的视觉效果和美感。以某工程为例，建筑物内的展厅、报告厅、大堂、中庭等，如果配以智能照明系统，采用相应的预设置场景进行控制，就可以达到丰富的艺术效果。

（五）管理维护方便

智能照明系统对照明的控制是以模块式的自动控制为主，手动控制为辅，照明预置场景的参数以数字形式存储在 EPROM（可擦可编程只读存储器）中，这些信息的设置和更换十分方便，使建筑的照明管理和设备维护变得更加简单。

（六）有较高的经济回报率

以上海地区为参照点，仅从节电和省灯这两项做一个估算，会得出这样一个结论：用 3～5 年的时间，业主就可基本收回智能照明系统所增加的全部费用。而智能照明系统可改善环境，提高员工工作效率以及减少维修和管理费用等，也可为业主节省下一笔可观的费用。

智能照明已经被正式列入国家计划，终端节能优先的观念已经深入人心。智能照明控制是节约能耗，以及提高物业管理水平、体现现代化生活方式与优化工作环境的有效手段。智能照明使得照明方案具有高度的灵活性，系统投入使用后，会带来高质量的照明环境，提高整个建筑物的智能化管理水平，也可以便捷地调整照明系统，既满足了美观、实用的要求，同时又达到了绿色、节能、环保的目标，显示出巨大的发展潜力。因此，智能照明系统会有更广阔的应用前景。

第五节　闭路电视监控系统

一、闭路电视监控系统概述

闭路电视监控系统作为安全自动化系统的一个重要组成部分，可以提供最直观的现场信息，并进行录像，是现代智能建筑不可缺少的有机组成部分。

（1）隐蔽式摄像机安装在电梯轿厢顶部，在监控乘坐人员的同时，亦不至于给乘客带来压抑感，同时还可随时掌握客流情况，合理调度电梯的运行。

（2）全方位摄像机可以灵活地监控范围内的目标，调整角度，或大范围搜索，或细节跟踪。在停车场、会议室和大厅内可以充分发挥其作用。

（3）一般固定安装式摄像机作常规监视用，安装在电梯厅、走廊、办公室、设备间等地方。

（4）中央矩阵主机可以将任意摄像机画面显示在任意监视器上，并可以设定程序，自动地轮流显示各摄像机的画面，或者输出到摄像机上。

（5）通过设在控制室的主控键盘或设在其他地点（如领导办公室、物业管理室、消防中心）的分控键盘控制显示监视画面，或控制摄像机的上、下、左、右旋转或镜头变焦。

（6）中央矩阵主机可以与安全自动化系统中的防盗报警探头联动，并输出控制信号，一旦发生警情，系统就会自动将监控画面、录像机锁定在报警区域内的摄像机上，并联动控制门禁系统、照明系统。

（7）中央矩阵主机还可以与多媒体、计算机联网，由计算机控制该主机的运行，完成所有操作，并把图像信息传输到计算机网络系统，实现信息共享。

（8）特别留有四路输出信号经四画面分割器可合成为一路信息，然后通过有线电视系统的一个专用频道输出，可使所有有线电视用户都能共享监控信息。

二、闭路电视监控系统主要设备的选择

（一）摄像机

摄像部分的主体是摄像机，其功能为观察、收集信息。摄像机的性能及其安装方式是决定系统质量的重要因素。光导管摄像机目前已被淘汰，由电荷耦合器件（charge-coupled device, CCD）摄像机所取代，其主要性能及技术参数要求如下：

（1）色彩：摄像机有黑白和彩色两种，通常黑白摄像机的水平清晰度比彩色摄像机高，且黑白摄像机比彩色摄像机灵敏，更适用于光线不足的地方和夜间灯光较暗的场所。黑白摄像机的价格比彩色摄像机便宜，但彩色摄像机的图像容易分辨衣物与场景的颜色，便于及时获取、区分现场的实时信息。

（2）清晰度：有水平清晰度和垂直清晰度两种。摄像机的清晰度一般是用水平清晰度表示。水平清晰度表示人眼对电视图像水平细节清晰度的量度，用电视线表示。目前，选用黑白摄像机的水平清晰度一般应要求大于 500 线，彩色摄像机的水平清晰度一般应要求大于 400 线。

（3）照度：单位被照面积上接受到的光通量称为照度。勒克斯是标称光亮度的光束均匀射在 1 m^2 面积上时的照度。目前，一般选用黑白摄像机，当相对孔径为 F / 1.4 时，最低照度要求小于 0.1 lx；选用彩色摄像机，当相对孔径为 F / 1.4 时，最低照度要求小于 0.2 lx。

（4）同步：要求摄像机具有电源同步、外同步信号接口。电源同步是使所有的摄像机由监控中心的交流同相电源供电，使摄像机同步信号与市电的相位锁定，以达到摄像机同步信号相位一致的同步方式。外同步是要求配置一台同

步信号发生器来实现强迫同步，电视系统扫描用的行频、场频、帧频信号，复合消隐信号与外设信号发生器提供的同步信号同步的工作方式。系统只有在同步的情况下，图像进行时序切换时才不会出现滚动现象，才能提高录像、放像质量。

（5）电源：摄像机电源一般有交流 220 V、交流 24 V、直流 12 V。可根据现场情况选择摄像机电源，但推荐采用安全低电压电源。

（6）自动增益控制：在低亮度的情况下，自动增益功能可以提高图像信号的强度以获得清晰的图像。目前，市场上的 CCD 摄像机的最低照度都是在这种条件下的参数。

（7）自动白平衡：当白平衡正常时，彩色摄像机才能真实地还原被摄物体的色彩。彩色摄像机的自动白平衡就是实现其自动调整。

（8）电子亮度控制：有些 CCD 摄像机可以根据射入光线的亮度，利用电子快门来调节 CCD 图像传感器的曝光时间，从而使得在光线变化较大时可以不用自动光圈镜头。使用电子亮度控制时，被摄景物的景深要比使用自动光圈镜头时小。

（9）逆光补偿：在只能逆光安装的情况下，当采用普通摄像机时，被摄物体的图像会发黑，应选用具有逆光补偿的摄像机才能获得较为清晰的图像。

（二）镜头

（1）摄取静态目标的摄像机，可选用固定焦距镜头；在有视角变化要求的动态目标摄像场合，可选用变焦距镜头。镜头焦距的选择要根据视场大小和镜头到监视目标的距离而定。

（2）选择镜头焦距时，必须考虑摄像机图像敏感器画面的尺寸、视角，被摄体的深度、焦点的深度、亮度及自动光圈控制等有关问题。

（3）对景深大、视场范围广的监视区域及需要监视变化的动态场景，一般对应采用带全景云台的摄像机，并配置具有 6 倍以上的电动变焦距且带自动光圈的镜头。

（4）使用电荷耦合器件时，一般应选择自动光圈镜头。在室内照度恒定或变化很小时可选择手动可变光圈镜头，电梯轿厢内的摄像机镜头应根据轿厢体积的大小选用水平视场角大于 70° 的广角镜头。

（5）摄像机镜头应从光源方向对准监视目标，避免逆光。镜头的焦距和摄像机靶面的大小决定了视角：焦距越小，视野越大；焦距越大，视野越小。若要考虑清晰度，则可采用电动变焦距镜头，根据需要随时调整。

（6）通光量：镜头的通光量是用镜头的焦距和通光孔径的比值（光圈）来衡量的，一般用 F 表示。在光线变化不大的场合，光圈调到合适的大小后不必改动，用手动光圈镜头即可；在光线变化大的场合，如在室外，一般均需要自动光圈镜头。

（三）监视器

（1）监视器屏幕大小应根据监视的人数、要求界面的分辨程度以及监视人员与屏幕之间的距离确定。一般采用 23～51 cm（9～20 in）的监视器。

（2）在射频信号传输的系统中，可采用电视接收机作为监视器进行监视。电视接收机价格比较便宜，又不需要接收端的解调装置。

（3）对于有特殊要求的系统，可采用多幅画面、大屏幕或投影电视显示方式。多幅画面显示一般用于大型监控系统。

（四）录像机

（1）录像系统应配置长时间录像机，有日期、时间信号发生器及屏幕不小于 31 cm（12 in）的监视器。

（2）对于与保安报警装置联动的摄录像系统，宜单独配置相应的录像机。

（3）录像机制式与光盘或硬盘规格，在同一系统中应统一。

（4）录像机输入、输出信号，视频、音频指标，应与整个系统的技术指标相适应。

（5）需作长时间监视目标记录时，应采用低速录像机或具有多种速度选择的长时间记录的录像机，即具有多重检索、慢动作画面、超静止画面、步进性图像分解等功能，以及定时录像、自动重复录像、停电后自动录像或报警录像等特点。

（6）当需要记录被监视目标图像或图表数据时，应在监控室设置录像机和时间、编号等字符显示装置；当要监听声音时，可配置声音传输、录音和监听设施。

三、闭路电视监控系统设备材料的质量控制

（1）组成闭路电视监控系统的前端设备（如CCD摄像机、镜头、云台、防护罩、解码器、一体化摄像机等）、矩阵控制器、终端设备（如多画面分割器、监视器、录像机、报警器、电梯层面显示器等）、传输线缆（如同轴电缆、双绞线、光纤等）等器材设备应符合设计要求，并具有开箱清单、产品技术说明书、合格证等质保资料，且数量应符合图纸或合同的要求。

（2）摄像机的主要性能及技术参数（如色彩、清晰度、照度、同步、电源、自动增益控制、自动白平衡、电子亮度控制、逆光补偿等）应符合设计要求和产品技术指标要求。

（3）镜头的焦距、自动光圈、接口标准、光通量等选择应符合设计要求。

（4）同轴电缆、双绞线等线缆应符合设计或合同要求，其性能技术指标应符合相关标准。

（5）黑白/彩色专用监视器、录像机（时滞录像机）、数码光盘记录、计

算机硬盘录像应符合设计要求和产品技术标准。

（6）控制设备（如视频矩阵切换器、双工多画面视频处理器、多画面分割器、视频分配器等）应符合设计或合同要求，符合产品技术要求。

（7）设备产品的生产企业应提供“生产登记批准书”等批准文件或“双安认证”等有关文件。

四、闭路电视监控系统设备的安装

（一）摄像机的安装

（1）摄像机在安装前，应逐个通电进行检查和调整，当调整后的焦距、电源同步等性能均处于正常状态时方可安装。

（2）摄像机经功能检查、监视区域观察以及图像质量达标后方可固定。

（3）摄像机安装应保持牢固，绝缘隔离，注意防破坏。

（4）在高压带电的设备附近安装摄像机时，应遵守带电设备的安全规定。

（5）摄像机信号导线和电源导线应分别引入，并用金属管保护，不影响摄像机的转动。

（6）摄像机宜安装在监视目标附近不易受到外界损伤的地方，安装位置不应影响附近现场人员的工作和正常活动，室内安装高度以 2～2.5 m 为宜，室外安装高度以 3.5～10 m 为宜。电梯轿厢内的摄像机应安装在轿厢顶部，摄像机的光轴与电梯轿厢的两个面壁成 45°角，并与电梯轿厢顶棚成 45°俯角为宜。

（7）摄像机镜头应避免强光直射和逆光安装，若必须逆光安装的场所，则应选择将监视区的光对比度控制在最低限度范围内。

（8）从摄像机引出的电缆应至少留有 1 m 的余量，不得利用电缆插头和电源插头承受电缆的重量。

（9）在恶劣环境下使用的摄像机，还需要设置一系列保护措施，以保证摄像机正常工作。

（二）云台的安装

云台是一种安装在摄像机支撑物上的工作台，用于摄像机与支撑物之间的连接，它具有上下左右和旋转运动的功能，从而使固定于其上的摄像机能够完成定点监视和扫描式全景观察功能；同时提供有预置位，以控制旋转扫描范围。

手动云台又称支架或半固定支架。对于手动云台，调节摄像机方向时松开方向调节螺栓，一般水平方向可调 15° ～30°，垂直方向可调±45°，调好后旋紧螺栓，使摄像机的方向固定下来。

电动云台是在控制电压作用下，做水平和垂直转动，水平旋转角不小于270°，有的产品可达 360°，垂直旋转角一般为±45°，不同产品的仰角不等。

在闭路电视监控系统中，最常用的是室内和室外全方位普通云台，其选择主要依据回转范围、承载能力、旋转速度和使用的电压类型等指标。

从安装施工角度出发，要注意云台的最大承载能力，室内云台一般在 80 N 左右，室外云台一般为 100 N 以上。

云台的安装要求：

（1）云台安装在支架上应牢固，转动时不晃动。

（2）根据产品技术条件和设计要求，检查云台的转动角度范围、定准云台转动起点方向。

（三）解码器的安装

解码器应安装在云台附近或吊顶内，但须留有检修孔。

前端设备与控制装置的信号传输以及执行动作功能均是通过解码器的硬件装置来实现的。

解码器的主要功能有：①摄像机电源开关的控制；②云台与镜头的控制，用于对云台和变焦镜头的控制译码和电动机驱动；③预置摄像机控制，对旋转355° 或360° 云台，可以有若干预置位，供编程用。

解码器需与矩阵切换控制器或可编程序切换器配套使用。

解码器一般多为220 V、50 Hz输入，6～12 V/D输出，供聚焦、变焦和改变光圈速度；另有电源输出供给云台，多为24 V、50 Hz标准云台，其驱动带有过零接通的固态继电器。

解码器宜安装在距离摄像机不远的现场，安装之处应不明显，以免影响建筑的美观。若需安装在吊顶内，则吊顶应有足够的承重能力，并在邻近处有检修孔，以便检修或拆装。

（四）监视器的安装

（1）监视器安装在固定的机架和机柜上，小屏幕监视器也可安装在控制台操作柜上。当安装在柜内时，应有通风散热措施，并注意电磁屏蔽。

（2）监视器的安装位置应使屏幕不受外来光直射，当有不可避免的光照时，应有避光措施。

（3）监视器的外部可调部分，应便于操作。

第三章 智能建筑施工

第一节 智能建筑的施工阶段

智能建筑工程的施工过程包括四个阶段：施工准备阶段、工程施工阶段、调试开通阶段、竣工验收阶段。

一、施工准备阶段

（1）学习和掌握有关智能建筑工程的设计规范和施工、验收标准。

（2）熟悉和审查智能建筑工程施工图样，包括：学习图样，了解图样的设计思想，掌握设计内容及技术条件；会审图样，核对土建与安装施工图样之间有无矛盾，明确各专业之间的配合关系。

（3）确定智能建筑系统施工工期的时间表。该施工工期时间表包括系统施工图的确认或二次深化设计、设备选购、管线施工、设备安装前的单体验收、设备安装、系统调试开通、系统竣工验收和培训等。

（4）智能建筑安装工程施工预算。安装工程施工预算主要有设计概算、施工图预算、设计预算及电气工程概算。

（5）施工组织设计。施工组织设计包括施工组织总体设计、施工方案等。

二、工程施工阶段

（一）预留孔洞和预埋管线与土建工程的配合

（1）在土建基础施工中，应做好接地工程引线孔、地坪中配管的过墙孔、电缆过墙保护管和进线管的预埋工作。

（2）在土建初期的地下层工程中，应做好智能建筑系统线槽孔洞预留和消防、保安系统管线的预埋。

（3）在地坪施工阶段，地坪内配管的过墙尺寸应根据线管的外径、数量和埋设部位来决定。

（4）在内线工程中，应做好以下工作：①墙体上智能建筑系统经常需要做暗管配线敷设、预留孔洞等；②预制梁柱结构中应预埋管道、钢板、木砖，或预留钢筋头，在浇制混凝土前安装好管道和固定件；③预制楼板安装时，要安排好管线排列次序，选择安装接线盒位置，使接线盒布置对称、成排安装；④线管在楼板缝中暗配，可不用接线盒，直接将管子伸下；⑤混凝土地面浇制前，将地面中的管子安放好，敷设好室内的接地线，安装好各种箱体的基础型钢，预埋好设备固定用地脚螺栓；⑥在屋面施工中，如果有共用天线避雷装置，则要在预制或现浇的檐口或女儿墙顶部预埋避雷线支持件，与避雷母线焊接，预埋好固定共用天线的拉锚。

（二）线槽架的施工与土建工程的配合

智能建筑系统线槽架的安装施工，应在土建工程基本结束以后，并与其他管道（风管、给排水管）的安装同步进行，也可稍迟于管道安装一段时间（约15个工作日），但必须解决好智能建筑线槽架与管道在空间位置上的合理安置和配合。

（三）管线施工与装饰工程的配合

智能建筑系统的配线和穿线工作，在土建工程完全结束以后，与装饰工程同步进行，进度安排应避免在装饰工程结束以后，以免造成穿线敷设的困难。

（1）在吊顶内敷设管线与装饰工程需配合进行，做好吊顶上面管线敷设工作，应在吊顶面板上开孔，留出接线盒。

（2）在轻型复合墙或轻型壁板中配管，应测量好接线盒的准确位置，计划好管子走向，与装修人员配合挖孔挖洞。

（四）各控制室布置与装饰工程配合

各控制室的装饰应与整体的装饰工程同步。智能建筑系统设备的定位、安装、接线端连线，应在装饰工程基本结束时开始。

三、调试开通阶段

智能建筑系统种类很多，性能指标和功能特点差异很大。一般是先进行单体设备或部件的调试，然后进行局部或区域调试，最后进行整体系统调试。有些智能化程度高的建筑系统，如智能化火灾自动报警系统，应先调试报警控制主机，再分别逐一调试所连接的所有火灾探测器和各类接口模块与设备。

四、竣工验收阶段

（一）质量管理检查记录

建筑施工现场质量管理应有相应的施工技术标准、健全的质量管理体系、施工质量检验制度和综合施工质量水平评定考核制度。施工现场质量管理检查记录应由施工单位按要求进行。

（二）施工质量控制

（1）建筑工程采用的主要材料、半成品、成品、建筑构配件、器具和设备应进行进场验收。进场验收是对进入施工现场的材料、构配件、设备等按相关标准规定的要求进行检验（对被检验项目的性能进行量测、检查、试验等，并将结果与标准规定的要求进行比较，以确定每项性能是否合格），对产品合格与否作出确认。凡涉及结构安全、使用功能的有关产品，应按各专业工程质量验收规范的规定进行复验，并经监理工程师（建设单位技术负责人）检查认可。

（2）各工序应按施工技术标准进行质量控制，每道工序完成后应进行检查。

（3）相关各专业工种之间应进行交接检验（由施工的承接方与完成方进行检查，并对可否继续施工作出确认），并形成记录。未经监理工程师（建设单位技术负责人）检查认可，不得进行下道工序的施工。

（三）验收要求

（1）建筑工程施工质量应符合专业验收规范的要求。

（2）建筑工程施工应符合工程勘察、设计文件的要求。

（3）参加工程施工质量验收的各方人员应具备规定的资格。

（4）工程质量的验收均应在施工单位自行检查评定的基础上进行。

（5）隐蔽工程在隐蔽前应由施工单位通知有关单位进行验收，并应形成验收文件。智能建筑安装中的线管预埋、直埋电缆、接地工程等都属隐蔽工程，这些工程在下道工序施工前，应由建设单位代表（或监理人员）进行隐蔽工程检查验收，并认真办理好隐蔽工程验收手续，纳入技术档案。

（6）涉及结构安全的试块、试件以及有关材料，应按规定进行见证取样检测（在监理单位或建设单位的监督下，由施工单位有关人员现场取样，并送至具备相应资质的检测单位进行检测）。

（7）检验批（按同一生产条件或按规定的方式汇总起来供检验用的，由一定数量样本组成的检验体）的质量应按主控项目（建筑工程中对安全、卫生、环境保护和公众利益起决定性作用的检验项目）和一般项目（除主控项目以外的检验项目）验收。

（8）对涉及结构安全和使用功能的重要分部工程，应进行抽样检测（按照规定的抽样方案，随机地从进场的材料、构配件、设备或建筑工程检验项目中，按检验批抽取一定数量的样本进行检验）。

（9）工程的观感质量（通过观察和必要的测量所反映的工程外在质量）应由验收人员进行现场检查，并共同确认。

（四）分项工程验收

（1）智能建筑工程在某阶段工程结束，或某一分项工程完工后，由建设单位会同设计单位进行分项验收；有些单项工程则由建设单位申报当地主管部门进行验收，如火灾自动报警与消防控制系统由公安消防部门验收，安全防范系统由公安技防部门验收，卫星接收电视系统由广播电视部门验收。

（2）具备独立施工条件并能形成独立使用功能的建筑物及构筑物为一个单位工程。建筑规模较大的单位工程，可将其能形成独立使用功能的部分作为一个子单位工程。

（3）分部工程的划分应按专业性质、建筑部位确定。当分部工程较大或较复杂时，可按材料种类、施工特点、施工程序、专业系统及类别等划分为若干子分部工程。

（4）分项工程应按主要工种、材料、施工工艺、设备类别等进行划分。

（5）分项工程可由一个或若干检验批组成，检验批可根据施工及质量控制和专业验收的需要按楼层、施工段、变形缝等进行划分。

（五）竣工验收

工程竣工验收是对整个工程建设项目的综合性检查验收。在工程正式验收前，应由施工单位进行预验收，检查有关的技术资料、工程质量，发现问题后及时解决好。

（1）检验批质量合格：主控项目和一般项目的质量经抽样检验合格；具有完整的施工操作依据、质量检查记录。检验批的质量验收记录由施工项目专业质量检查员填写，监理工程师（建设单位技术负责人）组织项目专业质量检查员等进行验收，并按要求记录。

（2）分项工程质量验收合格：分项工程所含的检验批均应符合质量要求；分项工程所含的检验批的质量验收记录应完整。分项工程质量应由监理工程师（建设单位技术负责人）组织项目专业技术人员等进行验收，并按要求记录。

（3）分部（子分部）工程质量验收合格：分部（子分部）工程所含分项工程的质量均应验收合格；质量控制资料应完整；地基与基础、主体结构和设备安装等分部工程有关结构安全及使用功能的检验和抽样检测结果应符合有关规定；观感质量验收应符合要求。分部（子分部）工程质量应由总监理工程师（建设单位项目专业负责人）组织施工项目经理和有关勘察、设计单位项目负责人进行验收。

（4）工程质量不合格的处理：经返工（对不合格的工程部位采取重新制

作、重新施工等措施）重做或更换器具、设备的检验批，应重新进行验收；经有资质的检测单位检测鉴定能够达到设计要求的检验批，应予以验收；经有资质的检测单位检测鉴定达不到设计要求，但经原设计单位核算认可，能够满足结构安全和使用功能的检验批，可予以验收；经返修（对工程不符合标准规定的部位采取整修等措施）或加固处理的分项、分部工程，虽然改变了外形尺寸，但仍能满足安全使用要求，可按技术处理方案和协商文件进行验收；通过返修或加固处理仍不能满足安全使用要求的分部工程、单位（子单位）工程，严禁验收。

智能建筑管理系统验收，在各个子系统分别调试完成后，演示相应的联动联锁程序。在整个系统验收文件完成以及系统正常运行一个月以后，才可进行系统验收。在整个集成系统验收前，也可分别进行集成系统各子系统的工程验收。

第二节　智能建筑的施工技术

一、电源设备安装技术

（一）系统电源

1.工作电源

不同类型的建筑物，负荷等级是不同的，同时智能建筑系统的设置也不同。一般来说，消防报警系统、通信系统、安全防护系统、智能建筑管理系统按照建筑物的最高负荷等级供电。

一级负荷应由两个独立电源供电，当一个电源发生故障时，另一个电源应不致同时受到损坏。如果一级负荷容量不大，则应优先采用从电力系统或邻近单位取得第二低压电源，亦可采用应急发电机组；如果一级负荷仅为照明或电话站负荷，则宜采用蓄电池组作为备用电源。

一级负荷中的特别重要负荷，除上述两个电源外，还必须增设应急电源。为保证特别重要负荷的供电，严禁将其他负荷接入应急供电系统。

其他等级的负荷可采用一路电源供电。

2.应急电源

常用的应急电源有下列几种：①独立于正常电源的发电机组；②供电网络中有效的独立于正常电源的专门馈电线路；③蓄电池。

根据允许的中断时间可分别选择下列应急电源：

①静态交流不间断电源装置，适用于允许中断供电时间为毫秒级的供电；②带有自动投入装置的独立于正常电源的专门馈电线路，适用于允许中断供电时间为 1.5 s 以上的供电；③快速自起动的柴油发电机组，适用于允许中断供电时间为 15 s 以上的供电。

3.备用电源

（1）自备柴油发电机的额定电压为 230 V/400 V，装机容量在 800 kW 以下。

设置自备柴油发电机的条件：为保证一级负荷中特别重要的负荷用电，有一级负荷，但从市电取得第二电源有困难或不经济合理时；大、中型商业性大厦，当市电中断供电将会造成经济效益的重大损失时。

设置自备柴油发电机的注意事项：①机组应靠近一级负荷或变配电所，也可以在地下。②当市电停电时，应立即起动，在 15 s 内投入正常带负荷状态。机组与电力系统有联锁，不得与其并联运行。当市电恢复时，机组应自动退出工作，并延时停机。③当发电机的装机容量在 500 kW 以上时，应设控制室。

（2）自备应急燃气轮发电机组的额定电压为 230 V/400 V，装机容量在 1 250 kW 以下，机组应靠近一级负荷或变配电所。

4.不间断电源

现代建筑中很多智能建筑系统要求电源必须长期无间断连续运行。智能建筑系统电源一般采用变电所引出双回路电源末端自动切换方式，并设不间断电源装置和柴油发电机组作为后备。

（1）设置条件：当用电负荷不允许中断供电时；当用电负荷允许中断供电时间在 1.5 s 以内时；作为重要场所的应急备用电源时。

（2）输出功率：①对电子计算机供电，输出功率应大于计算机各设备额定功率总和的 1.5 倍；对其他设备供电时，输出功率为最大计算负荷的 1.3 倍；②负荷最大冲击电流应不大于不间断电源设备额定电流的 150%。

（3）蓄电池的放电时间：①蓄电池的额定放电时间可按停机所需最长时间来确定，一般可取 8～15 min；②当有备用电源时，并等待备用电源投入，其蓄电池额定放电时间一般为 10～30 min。

（4）电源设置：

对于 2 kVA 以下的不间断电源，可直接放在办公室内。对于 5 kVA 以上的不间断电源，需要一个专门场地：小于 20 kVA 的不间断电源的安装场地面积为 10 m^2（如果将电池放在同一房间内，则可增加 5～10 m^2）；20～60 kVA 的不间断电源，安装场地面积一般应不小于 20 m^2；100～250 kVA 的不间断电源，安装场地面积为 40 m^2。

房间位置以选用较低的楼层为宜，房间应装有活动地板，以便引线。电池间应保证通风良好，防止阳光直射到电池上。

不间断电源的引线最好选用多股软芯铜线，输入输出引线截面积一般可按 4～6 A/mm^2 计算，电池引线按 2 A/mm^2 计算。小于 20 kVA 的接地线，一般取截面积为 16 mm^2 的铜线；大于 20 kVA 的选用 35～75 mm^2 的铜线。

5.直流电源

整流设备直接供电方式多采用双交流电源，经双电源切换箱和开关型整流器到用电负荷。高频开关型整流器分布式直流供电系统，根据负荷分布情况，按机房、设备就地配置机架式高频开关型整流器进行直流供电。

（二）电源设备的安装

电源设备安装的施工项目分为配电和整流设备安装、蓄电池安装、蓄电池切换器安装、电源线安装和工程交接验收。以下主要介绍蓄电池安装、电源线安装和工程交接验收。

1.蓄电池安装

配电和整流设备的安装与建筑电气成套配电柜（盘）及电力开关柜安装相同。安装固定型开口式铅蓄电池时，电池支架分为木支架和铁支架两种，需要刷防酸漆，蓄电池槽与台架之间应用绝缘子隔开，并在槽与绝缘子之间垫有铅质或耐酸材料的软质垫片；绝缘子应按台架中心对称安装，并尽可能靠近槽的四角；极板之间的距离应相等且极板相互平行，边缘对齐，其焊接不得有虚焊、气孔，焊接后不得有弯曲、歪斜及破损现象；隔板上端应高出极板，下端应低于极板；极板组两侧的铅弹簧或耐酸的弹性物的弹力应充足，压紧极板；每个蓄电池均应有略小于槽顶面的麻面玻璃盖板；蓄电池安装应平稳，且受力均匀，所有蓄电池槽应高低一致、排列整齐，连接条及抽头的接线应正确，螺栓紧固。

2.电源线安装

蓄电池的引出电缆宜采用塑料外护套电缆。当采用裸铠装电缆时，其室内部分应剥掉铠装。电缆的引出线应用塑料色带标明正、负极的极性。正极为赭色，负极为蓝色。电缆穿出蓄电池室的孔洞及保护管的管口处，应用耐酸材料密封。蓄电池室内裸硬母线的安装应采取防腐措施。

电线穿墙、穿天花板、穿楼板的孔洞等均应避开房屋中的梁和柱；电源由智能建筑设备机房的地槽引上机架时，要求引上处的正线排列在靠近机房主要通道的一边，以防止电线在列电缆走线架上方增加一处交叉；裸馈电线之间及裸馈电线与建筑物之间，一般要求间距为 80～100 mm，绝缘线的间距不受限制；直流电线由蓄电池到直流配电屏的一段，一般采用塑料线穿管敷设，大型智能建筑的站房一般采用架空敷设方式；由直流配电屏到机房一段一般采用线卡、列电源线夹、胶木夹板、绝缘子等固定导线，也可敷设专用的电缆单边走线架固定电源线；馈电线进入智能建筑设备站房后，安装在主要通道侧上梁端的电力线支架上，用胶木块夹紧固定。

3.工程交接验收

在验收时应进行下列检查：

（1）蓄电池室及其通风、采暖、照明等装置应符合设计的要求。

（2）布线应排列整齐，极性标志应清晰、正确。

（3）电池编号应正确，外壳清洁，液面正常。

（4）极板应无严重弯曲、变形及活性物质剥落现象。

二、光缆的敷设技术

光缆作为建筑智能化系统中一种特殊的传输介质，无论在施工还是使用中都有其特殊性。光缆的施工主要分为室外敷设和室内敷设。其中，室外敷设主要采用地下光缆管道敷设、直埋敷设和架空敷设。

（一）室外敷设

直埋光缆和架空光缆受损害的概率较高，故在智能建筑光缆敷设中应尽量避免使用，下面主要介绍地下光缆管道敷设。

光缆敷设前，应根据设计文件和施工图样对选用光缆穿放的管孔数及其位置进行核对。如果采用塑料子管，则要求根据相关设计规定，对塑料子管的材质、规格、管长进行检查。一般塑料子管的内径为光缆外径的1.5倍，一个水泥管管孔中布放两根以上的子管时，其子管等效总外径不宜大于管孔内径的

85%。当管道的管材为硅芯管时，敷设光缆的外径与管孔内径大小有关。目前，最常用的几种硅芯管规格有（外径/内径）：32/26 mm、34/28 mm、40/33 mm、50/42 mm。

1.管道内布子管

当穿放塑料子管时，布放两根以上的塑料子管，当管材已有不同颜色可以区别时，其端头可不必做标志，否则应在其端头做好有区别的标志。布放塑料子管的环境温度应在－5～35 ℃，连续布放塑料子管的长度不宜超过 300 m，并要求塑料子管不得在管道中间有接头。牵引塑料子管的最大拉力，应不超过管材的抗拉强度，在牵引时的速度要求均匀。

对于穿放塑料子管的水泥管管孔，应在管孔处采用塑料管堵头或其他方法固定塑料子管。塑料子管布放完毕，应将子管口临时堵塞，以防异物进入管内。塑料子管应根据设计规定要求在人孔或手孔中留有足够长度。

2.光缆的敷设

光缆敷设前应逐段将管孔清刷干净和试通。清扫时应用特制的清刷工具，清扫后应用试通棒试通检查合格，才可穿放光缆。

光缆敷设前应使用光时域反射计和光纤衰耗测试仪检查光纤是否有断点，衰耗值是否符合设计要求。核对光纤的长度，根据施工图上给出的实际敷设长度来选配光缆。配盘时要使接头避开河沟、交通要道以及其他障碍物。

光缆采用人工牵引布放时，每个人孔或手孔应有人值守帮助牵引，机械布放光缆时，在拐弯人孔处应有专人照看。光缆的牵引端头应做好技术处理，采用具有自动控制牵引性能的牵引机进行；牵引力应施加于加强芯上，最大不超过 1 500 N；牵引速度宜为 10 m/min；一次牵引长度一般应不大于 1 000 m，超长距离时，应将光缆盘成倒“8”字形分段牵引，或中间适当地点增加辅助牵引，以减少光缆拉力。

在光缆穿入管孔或管道拐弯处或与其他障碍物有交叉时，应采用导引装置或喇叭口保护管等保护。有时在光缆四周加涂中性润滑剂等材料，以减少摩擦阻力。

布放光缆时，其曲率最小半径应不小于光缆外径的20倍。

为防止在牵引过程中发生扭转而损伤光缆，在光缆的牵引端头与牵引索之间应加装转环。

光缆敷设后，应逐个在人孔井或手孔井中将光缆放置在规定的托板上，并应留有适当余量。在人孔或手孔中的光缆需要接续时，应有一定的预留长度。

在设计中，如果有要求做特殊预留的长度，则应按规定位置妥善放置。

光缆在管道中间的管孔内不得有接头。光缆接头应放在人孔井正上方的光缆接头托架上，光缆接头预留余线应盘成“O”型圈紧贴人孔壁，用扎线捆扎在人孔铁架上固定，“O”型圈的曲率半径不得小于光缆直径的20倍。应按设计要求采取保护措施，保护材料可以采用蛇形软管或软塑料管等管材。

光缆在人孔或手孔中穿放的管孔出口端应严密封堵，以防水分或杂物进入管内。光缆及其接续应有识别标志，标志内容有编号、光缆型号和规格等。在严寒地区，应按设计要求采取防冻措施，以防光缆受冻损伤。当光缆有可能被碰撞损伤时，可在其上面或周围设置绝缘板材隔断，以便保护。

光缆敷设后应检查外护套有无损伤，不得有压扁、扭伤和折裂等缺陷。

（二）室内敷设

1.主干光缆

建筑物内主干光缆一般装在电缆竖井或上升房中，敷设在槽道（或桥架）内和走线架上，并应排列整齐。槽道（或桥架）和走线架的安装位置应准确无误，安装牢固可靠。在穿越每个楼层的槽道上、下端和中间，均应按1.5～2 m间隔对光缆进行固定。

光缆敷设后，要求外护套完整无损，不得有压扁、扭伤、折痕和裂缝等缺陷，否则应及时检测。如果为严重缺陷或有断纤现象，则应检修测试合格后才能允许使用。要求在设备端预留 5～10 mm 的预留长度。光缆的曲率半径应符合规定，转弯的状态应圆顺，不得有死弯和折痕。

在建筑内同一路径上如果有其他智能建筑系统的线缆或管线，则光缆与它们平行或交叉敷设，并应有一定间距，要分开敷设和固定，各种线缆间的最小净距应符合设计规定。

光缆全部固定牢靠后，应将建筑物内各个楼层光缆穿过的所有槽洞、管孔的空隙部分，先用油性封堵材料堵塞密封，再加堵防火堵料，以求达到防潮和防火的效果。

2.光缆进线室

进线室光缆安装固定应按要求进行。由进线室敷设至机房的光缆配线架的光缆，应由楼层间爬梯引至所在楼层。光缆在爬梯上，可见部位应在每只横铁上用粗细适当的麻线绑扎。对无铠装光缆，每隔几档应衬垫一块胶皮后扎紧，在拐弯受力部位，还需套一段胶管加以保护。

3.光缆终端箱（盘）

光缆进入配线间后，需要留有 10～15 m 余量，以便进入光缆终端箱。光缆进光缆配线架至光缆终端盘前，埋式光缆一般在进架前将铠装层剥除，松套管进入盘纤板后也应剥除。应按光缆及光纤成端安装图操作，成端完成后将活动支架推入架内，推入时注意光纤的弯曲半径，并应用仪表检查光纤是否正常。

（三）光缆的接续

光缆接续有多种形式的接头套管和接头盒。套管内有连接光缆的固定夹、余缆收容盘或盘纤板及加强芯、金属内护层的连接和密封、安装、保护装置。

光缆接续是光缆互相直接连接，中间没有任何设备。光缆接续包括光纤接续，铜导线、金属护层和加强芯的连接，接头套管（盒）的封合安装等。

1.光纤接续

光纤接续有熔接法、粘接法和冷接法，一般采用熔接法。光纤熔接前，将光纤端面切割。光纤接续时，应按两端光纤的排列顺序，一一对应，用光时域反射仪进行监测，使光纤接续损耗符合规定要求。熔接完后，应测试光纤接续部位，合格后，立即做增强保护措施。光纤全部连接完成后，将光纤接头固定，光纤接头部位应平直安排，不受应力。

接续后的光纤收容余长，盘放在骨架上，光纤的盘绕方向应一致，松紧适度，盘绕弯曲时的曲率半径应大于厂家规定的要求，一般收容的曲率半径应不小于 40 mm，长度应不小于 1.2 m。然后用海绵等缓冲材料压住光纤形成保护层，并移放入接头套管（盒）中。

接续的两侧余长应贴上光纤芯的标记。

2.铜导线、金属护层和加强芯的连接

铜导线的连接方法可采用绕接、焊接或接线子连接，有塑料绝缘层的铜导线应采用全塑电缆接线子接续。接续点距光缆接头中心为 100 mm 左右，允许偏差为±10 mm，有几对铜导线时，可分两排接续。直埋光缆中的铜导线接续后，应测试直流电阻、绝缘电阻和绝缘耐压强度等，且要求符合国家标准有关通信电缆铜导线电性能的相关规定。

光缆接头两侧综合护套金属护层（一般为铝护层）在接头装置处应保持电气连接，并应按规定要求接地或处理。铝护层的连（引）线是在铝护层上沿光缆轴向开一个 25 mm 的纵口，拐 90°弯，再开 10 mm 长、呈“L”状的口，将连接线端头卡子与铝护层夹住并压接，用聚氯乙烯胶带绕包固定。

加强芯截断后，将两侧加强芯断开，采用压接固定在金属接头套管（盒）上，要求牢固可靠，并互相绝缘，外面应采用热可缩套管或塑料套管保护。

3.接头套管（盒）的封合安装

接头套管（盒）为铅套管封焊时，应严格控制套管内的温度，封焊时应采取降温措施，保证光纤被覆层不会受到过高温度的影响。套管内应放入袋装的

防潮剂和接头责任卡。

光缆接头套管若采用热可缩套管，则在加热时应由套管中间向两端依次进行烘烤，加热应均匀，热可缩套管冷却后才能搬动，并且热可缩套管应外形圆整，表面美观，无烧焦等不良现象。

光缆接续和封合全部完毕后，应测试和检查并作好记录备查。如果需装地线引出，则应注意安装工艺必须符合设计要求。

三、接地技术

智能建筑各个系统内要接地的构件与设备很多，接地的功能要求也不一样，主要有防雷接地、工作接地、保护接地。在电子设备接地系统中，有直流接地（信号接地、逻辑接地）、屏蔽接地、防静电接地和功率接地。

建筑智能化系统一般采用共同接地方式，接地体以自然接地体为主。当自然接地体同时符合三个条件（接地电阻能满足规定值要求；基础的外表面无绝缘防水层；基础内钢筋必须连接成电气通路，同时形成闭合环，闭合环距地面不小于 0.7 m）时，一般不另设人工接地体。

（一）防雷接地

防雷接地系统是智能建筑接地系统的基础，在进行其他功能接地施工安装时，都必须注意与防雷接地系统之间的关系。一般来说，其他接地系统都必须在防雷接地系统的保护范围之内，充分利用严密的防雷结构，保护好电子设备。对建筑内的设备及设备周围的金属构件，除在接地体上共同接地外，应尽可能与防雷接地系统隔离。

（二）工作接地

工作接地指交流工作接地。一般智能建筑的工作接地采用 TN-C-S 系统或 TN-S 系统。

当智能建筑的电源由附近区域变电所引来时，工作接地已在区域变电所内完成。

从区域变电所引来的输电线路，进入智能建筑前，中性线 N 必须作重复接地，进入智能建筑配电间后，应与总等电位联结铜排相连，N 排和 PE 排分开，从该连接点起，引出的中性线 N 采用绝缘铜导线，不准再与任何“地”作电气连接，严禁与 PE 线有任何连接，此即 TN-C-S 接地系统。

当智能建筑内有自己独立的变配电所时，交流工作接地在变配电所内完成，将变压器中性点、中性线 N 和总等电位联结铜排连接在一起直接接地（接在自然接地体上）。从该点起，引出的中性线 N 采用绝缘铜导线，不准再与任何“地”作电气连接，严禁与 PE 线有任何电气连接，此即 TN-S 接地系统。工作接地除直接与建筑接地体连接外，还应与变电所接地网格及总等电位联结铜排相连，使工作接地更可靠。

采用分散接地时，工作接地电阻值小于等于 4 Ω；采用统一接地时，工作接地电阻值小于等于 1 Ω。

（三）保护接地

保护接地系统主要由防雷保护接地与防电击保护接地构成。

电子设备外壳保护接地 PE 干线可采用镀锡铜排，其截面可按最大用电电子设备的传输相导体截面来选择 PE 干线。PE 干线下端与总等电位联结铜排连接后，应设置在智能建筑（弱电）竖井中，引到电子设备所需的楼层。

（四）直流接地

直流接地系统是智能建筑至关重要的接地系统，主要包括信号接地和逻辑接地。为了在电路中传输信息、转换能量、放大信号、输出指示，使其准确性高、稳定性好，电子设备中信号电路的基准电位即为信号接地，此接地从总等电位联结铜排上得到。数字电路中各个门电路信息的传递，以“0、1、0、1”的脉冲进行转换，必须有一个基准电位为逻辑接地。此电位也是建筑接地体的地电位，同样从总等电位联结铜排上取得。

直流接地系统与其他接地系统分离的条件是接地体离其他接地体的距离不能小于 20 m，接地引线离其他接地引线距离不能小于 2 m。否则基准电位必须取自总等电位联结铜排上，直流接地引线必须单独采用 35 mm^2 铜芯绝缘线，穿钢管或封闭线槽直接引至设备附近，只作直流接地用。钢管或封闭线槽必须作可靠接地。

在一个房间内需要直接接地的设备较多，可利用辅助等电位联结，在房间设备下面，采用铜排网格。直流网格地是用一定截面积的铜带（1～1.5 mm 厚，25～35 mm 宽），在活动地板下面交叉排成 600 mm×600 mm 的方格，其交叉点与活动地板支撑的位置交错排列。交点处用锡焊焊接或压接在一起。为了使直流网格地和大地绝缘，在铜带下应垫 2～3 mm 厚的聚氯乙烯板或绝缘强度高、吸水性差的材料作为直流网格地的绝缘体。若用绝缘橡皮则应采取相应的防潮措施，以防止橡皮受潮、受油而导致绝缘电阻降低。计算机各机柜的直流网格地，都应用多股编织软线连接到直流网格地的交点上。

辅助等电位联结也可采用与其他接地系统绝缘隔离的闭合铜排环。直流接地引线从辅助等电位联结铜排上就近接地。辅助等电位的电位应尽可能接近总等电位联结铜排电位，尽可能缩短直流接地线长度或采用大于 35 mm^2 的铜芯绝缘导线。

采用统一接地体，接地电阻应小于等于 10 Ω，以满足直流接地要求。

（五）屏蔽接地及防静电接地

智能建筑由于建筑防护间距或设备与布线防护间距不够，因此必须采取隔离措施，以减弱或防止静电及电磁的相互干扰，这种措施称为屏蔽。对建筑内设备间、布线间的干扰，采取静电屏蔽、电磁屏蔽等措施。

1.静电屏蔽及防静电接地

静电屏蔽的作用是防止静电场对信号回路的影响，通过静电屏蔽可以消除两个电路之间由分布电容耦合产生的干扰。一般设备本身已具备静电屏蔽，只要将静电屏蔽体做良好接地即可。

智能建筑内的通信设备房、电子计算机房的地板应采用导电地板（防静电地板）架设，导电地板间必须具有连续接地措施，房间门窗上的金属把手、门闩及其他金属构件都必须可靠接地。

2.电磁屏蔽接地

电磁屏蔽主要为了防止外来电磁场及布线间直接电磁耦合对电子设备产生干扰。一般电子设备本身已具有电磁屏蔽体（与静电屏蔽体合用），只要将屏蔽体作可靠接地即可。

为改进电磁环境，所有与建筑物组合在一起的大尺寸金属件都应等电位联结在一起，并与防雷装置相连，但第一类防雷建筑物的独立避雷针及其接地装置除外，如屋顶金属表面、立面金属表面、混凝土内钢筋和金属门窗框架。

在分开的各建筑物之间的非屏蔽电缆应敷设在金属管道内，如敷设在金属管、金属格栅或钢筋成格栅形的混凝土管道内，金属物从一端到另一端应是导电贯通的，分别连到各分开的建筑物的等电位联结线上。电缆屏蔽层应分别连到联结线上。

屏蔽层仅一端作等电位联结和另一端悬浮时，它只能防静电感应，防止不了磁场强度变化所感应的电压。为减小屏蔽芯线的感应电压，在屏蔽层仅一端作等电位联结的情况下，应采用双层屏蔽，外层屏蔽应至少在两端作等电位联结。在这种情况下，外屏蔽层与其他同样作了等电位联结的导体构成环路，感应出一定电流，因此产生降低源磁场强度的磁通，从而基本上抵消掉无外屏蔽层时的感应电压。

为了防止布线间的相互干扰，电子设备的信号传输线、接地线等应尽量远离产生强磁场的场所，在布线时尽量不要将有相互干扰的线路平行敷设，布线路径越短越好。传输线直流接地线应采用屏蔽线式穿钢管或用金属线槽敷设，屏蔽层和金属管、槽两端必须接地。屏蔽接地引线直接与 PE 线连接或与辅助等电位联结铜排相连，应采用 6 mm^2 以上铜芯绝缘线，引线长度不超过 6 m。

（六）功率接地

在电子设备中有交直流电源引进，各种频率的干扰电压会通过交直流电源线侵入，干扰低电平信号电路。有的电路内部会产生干扰信号，产生谐波的强电设备在电路中也会产生干扰信号。因此，电子设备中交直流滤波器必须接地，把干扰信号泄入接地体中，这种接地叫作功率接地。

第四章　建筑装配式施工

第一节　装配式建筑概述

一、装配式建筑的界定

装配式建筑，是指所有预制构件在工厂车间里完成制作，运输到施工现场，采用装配方式安装而成的建筑。装配式建筑按照结构材料，可分为装配式木结构建筑、装配式钢结构建筑、装配式混凝土结构建筑等。采用装配式结构可实现标准化、工业化和集成化生产，从而实现建筑节能减排和绿色建筑的发展。

改革开放以来，随着我国经济社会的快速发展，人们对各类建筑的高度、跨度、面积等方面提出了更高的要求，采用装配式建筑技术的呼声越来越高，很多相关政策的出台促进了装配式建筑的快速发展。

二、装配式建筑的优势与发展中的阻碍

（一）装配式建筑的优势

1.缩短施工周期

相较于传统现浇建筑，装配式建筑可缩短25%～30%的施工周期。不同于传统建筑那样必须先做完主体才能进行装饰装修，装配式建筑可以将各预制构

件的装饰装修部位完成后再进行组装，实现了装饰装修工程与主体工程的同步，减少了建造过程，缩短了整体工期。装配式建筑工厂化生产、现场组装可减少进场的工程机械种类和数量，消除工序衔接的停闲时间，实现立体交叉作业，减少施工人员，提高效率。另外，装配式建筑需要的构件一般在工厂车间生产，不受季节限制，有利于冬期施工，解决了北方地区冬期施工难的问题。

2.降低环境负荷

在工厂内就能完成大部分预制构件的生产，降低了现场作业量，使得生产过程中的建筑垃圾大量减少。与此同时，装配式建筑用干式作业取代了湿式作业，施工现场更加整洁，由湿式作业产生的废水污水、建筑噪声、粉尘污染等也会随之大幅度地减少。装配式施工高效的施工速度使得工作人员不必再为了追赶工作进度而连夜施工，可以有效减少光污染。

3.减少资源耗费

建造装配式建筑需要预制构件，这些预制构件都是在工厂内的流水线上生产的。流水线生产有很多好处，其中之一就是可以循环利用生产机器和模具，这就极大地减少了资源消耗。采用传统的建造方式时，不仅要在外墙搭接脚手架，而且需要临时支撑，这就会造成很多钢材以及木材的耗费。但是装配式建筑在施工现场只有拼装与吊装这两个环节，这就使得模板和支承的使用量极大地减少。此外，据统计，相较于传统现浇建筑，装配式建筑可节水约 50%，节约木材约 80%，降低施工能耗约 20%。

（二）装配式建筑发展中的阻碍

1.技术应用不够成熟

装配式建筑虽然具有建筑速度快等优势，但在施工过程中对吊装、连接等施工技术有着较高的要求。如果技术水平较低，技术体系不够成熟，工序交叉作业安排不合理，质量标准控制不严，则可能会留下安全隐患，安装后会出现整体性差等问题，影响结构抗震性能，造成节点破坏，甚至整体坍塌。就现阶段装配式建筑的技术标准体系来看，还存在不健全的问题。许多省市虽然制定了一系列标准规范，但在实施方面还存在不到位、把控不严的现象，甚至关键技术的实施与标准要求存在偏差。

2.前期一次性投入成本高

装配式建筑建造前期的一次性投入成本普遍较传统建筑高。例如，在进行预制构件工业化生产之前，需要投入大量的资金来进行研究开发、流水线建设等，必须确保资金的充足。

3.未得到社会公众认可

一次性投入成本的加大，使得企业的生产积极性极大地降低。同时，开发商对装配式建筑的认可度比较低，不愿意开发装配式建筑。即便个别开发商愿意开发装配式建筑，消费者也会因为普及率不高，对装配式建筑的概念和优势不了解，质疑装配式建筑的结构安全性，大多对其采取保守态度，不愿意购入。

第二节　装配式混凝土结构建筑施工相关技术

一、预制构件的生产

（一）工厂化生产的优缺点及场地要求

建筑装配化最大的特点就是先在工厂生产构件，再用相应的运输工具将其运送到施工现场进行拼装。经过前期严密的设计，预制工厂可以根据设计的图纸在工厂进行预制。相对于施工现场的现浇成型，工厂预制优势有很多，综合起来主要有以下几点：

（1）可以较为有效地保证构件的尺寸精度、预制质量。

（2）采用的先进设备，可以有效提高预制进度，加快项目进度。

（3）可以避免在施工现场出现的恶劣环境因素的影响，保证构件质量。

（4）可以进行一些新型混凝土构件（如活性粉末混凝土构件等）的预制，而施工现场几乎无法提供其需要的养护环境。

（5）可以使施工人员的安全得到保证，改善施工人员的生产、生活环境。

但是，现阶段预制构件的工厂化生产也有一些缺点，如因为采用工厂预制，很难满足不同客户对不同结构的要求。

坚实平整是对预制场地最基本的要求，预制场地还应当具备良好的排水条件。满足上述两个要求的主要目的在于，防止由场地不均或者排水不畅导致构件的弯曲，影响成型质量。除此之外，基础底表面也需要保持干净，防止受力不均造成弯曲。

（二）生产工艺

现代化的生产工艺是实现产品高质量的关键。随着计算机技术、自动化技术等的进步，预制构件的生产已经基本实现了自动控制，整个生产线的生产控制建立在局域互联网基础上。下面针对生产过程中工艺流程部分的一些关键技术进行介绍。

1.模具的技术要求

保证构件质量的第一步就需要保证模具尺寸的精确性，采用数控划线机进行划线可以有效提升划线的精确度。

精准划线完成之后，就要进行相应的模具设计和安装。要想保证所浇筑的构件尺寸精准、成型质量良好，模板的设计和安装至关重要。

预制装配式混凝土构件生产所用的模具一般包括底模、内外侧模、端模、窗口处的窗模等。在正式施工使用之前，还需要对模具的尺寸进行检验，保证精度。在保证模具精确的前提下，浇筑之后的构件尺寸方能得到保证。

2.预埋件的设置及钢筋安放

为了实现预制装配式结构各部分构件的连接，不得不在构件当中设置许多预埋件。为了尽可能减小二次结构对主体结构的损伤，各类管线的安装也要求在构件内设置各种功能的预埋件。预埋件的设置和安装会直接影响构件成型后的质量。对于预埋件的设置，应当考虑到以下几个方面：

（1）由于各种功能的要求，预埋件的数量一般都很多。为了保证功能，所有的预埋件位置都要求十分精确。

（2）要求固定牢靠，防止在预制过程中发生位置的偏移，影响预制效果。

（3）在选择预埋件的位置时，应当考虑到避免在浇筑时与振捣棒等接触，以免影响之后的预制以及施工的进行。

（4）由于预埋件与混凝土线膨胀系数相差较大，容易产生较大的温度应力，因而在设置时，在承受较大荷载的位置，需要注意粘接锚固。

为了满足上述要求，在实际的预制过程中，根据是否与模板直接接触，可以在模板表面采用螺栓精确定位，或者利用定位架进行定位。

预制装配式混凝土构件用到的钢筋主要有钢筋骨架、钢筋网片等，工艺与普通混凝土结构无异，但是仍旧要求精确性。预制装配式混凝土构件的精确性要求主要体现在两方面：一是钢筋下料时尺寸的精确性；二是钢筋布置时位置的精确性。只有做到这两方面，才能够保证之后预埋件安装位置等的精确性，保证之后构件的质量。

3.混凝土的制备与浇筑

普通结构的混凝土一般都是在完成钢筋绑扎和支模之后，再由混凝土厂根据客户要求制备、运输到施工现场的。在这种情况下，运送到施工现场的混凝土质量若不符合要求，则会造成浪费。因而，在预制工厂直接将制备的混凝土用于构件的浇筑是十分有效和必要的。为了保证构件的质量，需要做到以下几个方面：

（1）预制构件采用的混凝土尽量是由预制工厂制备的，在受到条件限制的情况下，可以采用商品混凝土。当预制工厂有自己的搅拌站，在布置时，应采用可以将骨料和水泥一起提升的单阶式布置形式。混凝土拌好后再利用输送设备直接运往浇筑地点，完成后续的浇筑工作。

（2）浇筑之前，对模板的尺寸进一步进行校核，保证模板的布置满足设计的要求。满足要求后，方可进行后续工序。

（3）浇筑时采用合适的搅拌振捣方式，具体方法按规范选取。

（4）做好对模板、预埋件等的实时监控，在浇筑的过程中注意观察，防止产生过大的变形或者位置的偏移。当出现问题时，应采取修补措施。

对于一些十分重要的构件，可以采用计算机进行实时的监测，通过在构件中预埋传感器等方式，让工程人员对于重要构件的预制质量有一个十分明确的认识，也可以指导后期的运输施工。

4.预制构件的脱模和养护

在完成构件混凝土的浇筑之后，构件的脱模和养护工序就成为直接影响预制构件质量的重要因素。如果脱模时机选择不当或者技术使用不当，就会严重影响构件的强度，出现蜂窝麻面等问题，从而影响后期的施工。如果养护不当，也会产生构件的强度不够或变形过大等影响施工的问题，从而造成工期的延误和资源的浪费。为了保证构件的预制质量，在此阶段应当努力做到以下几个方面：

（1）可以采用预养护窑的方法。在构件浇筑结束后，将构件和模具同时放置在高温蒸汽环境下养护一段时间，使构件适应养护环境。

（2）养护时间和时机按照水泥规格不同进行选择。

（3）在养护过程中，可以利用计算机进行实时的控制。这样既可以提高构件的质量，也可以节约能源。

（4）当构件养护结束后，就可以进行脱模处理了。应当采用一些专门的设备进行脱模处理，这样可以保证构件的质量。

（5）进行脱模起吊时，构件的混凝土强度应当符合规范和设计要求。

5.成品检验

要想使设计意图得到充分体现，保证构件质量，必须严格把控构件的检验环节。对于构件的检验一般可以分为：

（1）外观质量检测。主要观察构件是否存在露筋、蜂窝麻面、裂缝等问题，在发现问题后，应该根据规范或者请教专家制订相应的修补方案，以满足施工要求。

（2）尺寸偏差检测。为了体现设计意图，需要严格控制构件的尺寸偏差，在现场可以采用激光测距仪等进行测量。具体的验收标准需要根据规范和设计要求进行选取。

（3）钢筋配置的检测。钢筋作为主要受力部分，需要进行严格的控制。除钢筋进场时的检验之外，对于成品也需要进行无损检测，满足规范给定的要求范围。

（4）保护层厚度的检测。保护层厚度是影响钢混结构耐久性的主要因素，因此对构件的保护层厚度的检验十分重要，可采用钢筋探测仪进行探测。

（5）预埋件焊接质量的检测。预埋件位置按照设计要求确定，为了防止在浇筑及之后安装时造成不良影响，需要检测焊缝质量。

（6）结构性能的测试。有条件的工厂，对生产的构件可以进行相应的结构性能测试，在满足工程要求的情况下，也可以获得一手资料，指导之后的生产。

二、预制构件的场外运输

除预制构件的生产之外，构件的场外运输也是保证工程质量的重要环节。为了减少构件连接的薄弱区域，构件的尺寸一般都比较大，加上混凝土抗拉性能弱的特性，构件的场外运输成为产业链的薄弱环节。

为了在场外运输过程中保证构件质量，应注意以下几个方面：

（1）运输车辆应当根据构件的具体情况进行选取，满足构件的尺寸和承重要求。

（2）车辆的路线应该根据具体情况进行选择，考虑道路情况以及对周边居民的影响等。

（3）构件装卸时应当谨慎，这既是为了防止构件损伤，也是为了防止受力不均造成车辆倾覆。

（4）在运输过程中应当注意固定构件，且为了防止构件的损伤应当设置缓冲层。

（5）对于一些特殊的构件，如长细比很大的构件，应当设置水平支架，防止在运输过程中发生损伤。

（6）应防止在运输过程中急刹车、超速等，以免造成构件的损伤。

构件的场外运输是构件在完成生产之后运往施工现场的必经过程。如果控制不当，就会使之前的工作全部无效，造成工程进度的拖延，所以需要工程技术人员在这方面加以重视。为了适应规模化、产业化住宅的发展，构件的场外运输将朝着以下几个方向发展：

（1）智能化，可以借助大数据技术，选择合适的运输路线，使得构件的运输更加高效。

（2）实时化，可以借助传感器，实时记录构件状况，在发生损伤后及时修补，并分析原因，制定对策。

（3）规范化，现阶段运送构件的车辆种类繁多，司机的水平也参差不齐，未来可以制定相应的规程，规范化选车、选人。

随着新技术的规范化应用，构件的场外运输环节可以控制得十分得当，进而更好地促进装配式建筑的发展。

三、预制构件的堆放

预制构件进入施工现场后，首先需要解决的问题就是构件的堆放。构件的堆场设计要保证建筑构件在堆放过程中不致损坏。

在施工现场堆放预制构件时，需要采取的具体措施包括：

（1）场地应当保持平整、坚实，防止构件受力不均。另外，场地需要有排水设施，防止积水对构件性能产生不良影响。

（2）在堆放构件时，应当垫实最下层的构件，防止发生不均匀受力造成构件损坏。为了方便起吊，应当将预埋的起吊构件朝上布置。另外，为了便于统计和管理，应当将标志朝向通道方向。

（3）在堆放预制构件时，需考虑构件的安装顺序。同时，堆放位置的选择，也应将不影响正常的施工作为主要原则。

（4）在施工现场，为了减少对施工场地的占用，构件的叠放不可避免。在叠放时，要保证最下层构件的强度，垫块的强度也应经过具体的设计计算确定，而且垫块的位置应与构件生产和吊装的位置保持一致，需使各垫块在同一直线上。堆放高度需要根据构件的强度和稳定性来确定，在高度较高时，需要设置防倾覆设施。

（5）对于墙体构件的堆场，需要根据具体情况进行选择。对于较为复杂的墙体，可以采用竖向布置，但是需要保证架子本身的可靠性，同时保证垂直度的要求，一般不宜小于 80° 。对于此类墙体，在吊装时宜采用竖向起吊。

（6）对于屋架，可以考虑将几榀屋架绑成整体进行堆放，这样可以避免单榀屋架稳定性不足的弊端。

（7）对于构件的统计和管理，现阶段仍主要依靠人力进行，这样就容易产生一定的失误。引入计算机系统进行智能化管理，在大大减轻人的工作强度的同时，还可以让工程管理人员对构件的管理有一个更为深入的了解，便于之后管理工作的开展。

四、预制构件的场内运输

为了在场内运输过程中保证构件质量，应注意以下几个方面：

（1）为了保证构件性能，在运输过程中应注意采用枕木等措施防止构件损伤。

（2）合理规划构件在场地内的运输路线，实现构件运输的高效安全。

（3）选用技术成熟的专业技术工人进行运输工作，保证工作的质量。

（4）采用计算机技术进行构件运输工作的管理，搭建构件堆放、运输和吊装的综合系统，实现自动化控制，提高工作效率。对于预制构件的场内运输，归根结底还是希望在保证构件质量的前提下，提高运输效率，以免影响施工工作的正常进行。因而，采用计算机技术等进行自动化管理是一种很有效的方式。

五、预制构件的安装

在进行安装之前，需要做到：

（1）对于设计意图的充分解读，认真研究图纸，随时与设计方做好沟通。

（2）对构件的种类、数量以及质量有一个明确的认识，在具体安装过程中，努力做到构件供应及时、质量合格，保证施工的正常进行。

（3）完成前期准备工作，包括人员、机械、材料和场地等方面的工作。

（4）完成对施工人员的技术、安全和操作等方面的培训工作，做好相关的交底工作。

（5）施工组织设计中的其他内容，包括构件安装的专项施工质量管理、环保措施、信息化工作等。

在完成上述准备工作后，就可以按照图纸的要求进行定位、放样、安装等工作，完成后续的施工。

吊装是安装工程中的重要环节，如果对吊点位置、吊装方式以及起吊时间等因素把控不当，就会造成构件损伤，影响其正常的使用性能，严重时还可能会造成工期延误，甚至人员伤亡。

在进行吊装工作之前，需要根据规范和设计资料编制相应的施工方案指导工作的开展。在施工方案中，应按照设计，根据构件的类型、重要程度以及起重机械等因素，确定构件的吊点位置、吊具类型、支架的选择，最终确定构件的吊装方式和施工中的顺序。

需要注意的是，在编写施工方案时，应当有较为严密的验算过程。按照规范要求，需对吊点位置、抗弯强度和抗裂强度等方面进行验算。现行规范对于后两者的验算通常采用控制构件边缘混凝土的压应力、拉应力等方式，这样可以更加有效地考虑是否允许混凝土构件开裂的情形。

吊点位置的选定，对于预制构件的吊装十分重要。吊点的位置在进行设计时就应当考虑，并且为了方便吊装，可以设置吊装所用的预埋件，对于没有设计要求的，也需要根据计算进行确认。

预制构件在吊装的过程当中，属受弯构件，所受到的荷载仅有构件自身的重力，吊点位置可以看成铰接形式。为了保证构件的性能，需要将吊点位置设置在弯矩最小的位置，即正弯矩等于负弯矩的位置。

对于一些体型比较小的柱，有时为了方便也会采用单个吊点直接进行吊装的方式，按照正负弯矩相等的方法进行设计。对于单点起吊，最危险的阶段是起吊但尚未完全吊起时，可以将其简化为支撑方式，跨中受正弯矩作用，吊点受负弯矩作用，当正负弯矩相等时构件受力最为合理。

吊点位置的确定，实质上为进行吊装方式的选择指明了方向。对于构件吊装方式的选定，需要考虑到构件本身的特性、起吊机械、吊具的类型和场地情况。

按照构件在空中的位置，吊装可以分为平吊、直吊和翻转吊等方式，三者的主要区别在于中心面的位置变化。为了最大限度地保持构件的性能，一般采用的吊装方式都是平吊，即保持中心面水平。而直吊的方式则一般用于柱等构件的扶正；对于墙板等构件，扶正手段就要采用翻转吊的方式。

在具体的施工过程中，也会遇到一些形状较为怪异的构件，很难采用一般的吊装方法，此时就需要采取一些其他的措施来保证构件的吊装质量。对于那些不对称的构件，可以采用附加吊点或者辅助吊线的方法，在保持平衡的同时，尽量减小正负弯矩之差，工程中常用的辅助吊线有“紧线器”等。有的构件由于有很大的悬臂或者由于设计要求采用较小的截面，容易在吊装过程中发生损伤，可以考虑采用钢结构的“靠梁”来增强。

下面主要针对预制柱、预制梁、预制板、预制墙体、预制楼梯等的安装方面进行说明。

（一）预制柱的安装

预制柱的安装施工工序如图 4-1 所示。

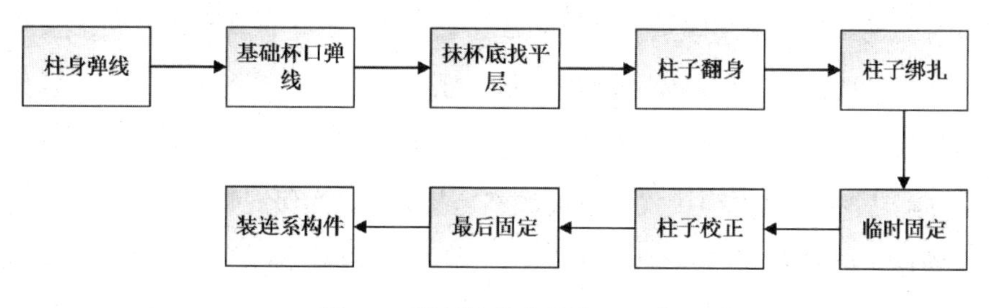

图 4-1　预制柱的安装施工工序

对于预制柱的安装，重点是柱与承台以及相邻柱的节点连接，主要采取的方式是：利用预制时预留的伸出钢筋进行连接，再浇筑混凝土完成覆盖。这样做既方便，又可以获得较为可靠的连接强度和整体性。预制柱安装过程中的施工要点如下：

（1）垂直度调整是为了连接预制柱在端部设置的型钢连接件，从而实现柱与承台、梁及其他柱的连接。为了调整柱的垂直度，可以通过预制柱与承台之间的底部螺栓组件进行调整，提高施工的效率，保证施工质量。

（2）剪力键的设置。在预制柱的设计施工当中，应当注意它的抗剪性能。为了增强预制柱的抗剪性能，需要采用相应的构造措施，必要时可以通过增加剪力键来提高抗剪能力。剪力键依靠互相嵌套的混凝土构造形式传递剪力，具有良好几何外形的剪力键具有优异的抗剪性能，设置于柱底可以有效提高预制柱的抗剪能力。如果设置的剪力键强度较低，就会使破坏形态由传统的斜向剪切破坏转变为脆性更强的角部局压破坏，造成严重后果。研究表明，剪力键的抗剪性能会随着端部倾角的减小而增大，因此在设计施工过程中在满足施工许可的情况下应选择较小的倾角。对此，我国相关规范规定剪力键高度不宜大于 30 mm，端部倾角不宜大于 30°。

（3）纵筋的连接。根据采用的连接方式不同，纵筋的连接一般分为两大类：机械连接和焊接。对于采用机械连接方法进行连接的纵筋，需要保持连接件与连接段纵筋的清洁度，保证连接性能。连接前，还需要明确纵筋的数量、预留孔洞的位置等。在连接结束后，尚需进行平整度的检查，当出现倾斜时，应及时调整。对于采用焊接方法进行连接的纵筋，除了需要注意的传统安全事项，在施工过程中，也需要采取措施防止连续施焊造成的混凝土开裂，以免影响后期性能。

（4）后浇混凝土连接采取套筒灌浆连接方式。为保证整体性，在完成构件的纵筋连接以及必要的砂浆灌注之后，需要后浇混凝土，形成整体。对于后浇混凝土的施工要点，总结如下：①为了保证接缝处的连接强度，应在进行混凝土浇筑之前，采取凿毛等措施提高界面粗糙度，并清理干净；②采用合适的混凝土进行浇筑，既要保证结构在连接部位的连接强度，又要保证连接处的混凝土和构件之间的工作性能；③采用合适的振捣方式，浇筑结束后，及时养护。

（二）预制梁的安装

在民用建筑当中，预制梁的使用相对较少，而且一般不采用预应力的形式。下面主要就普通混凝土预制梁的安装要点进行介绍。

预制梁的安装施工工序如图 4-2 所示。

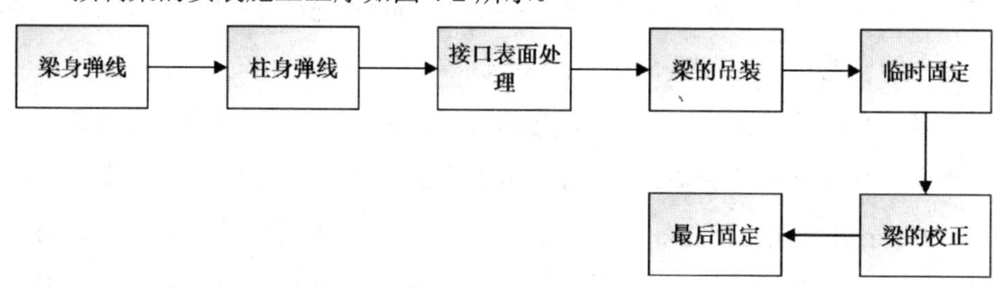

图 4-2　预制梁的安装施工工序

采用型钢辅助，可以有效实现构件之间的快速连接，保证梁在吊装过程中受力均匀，避免在吊装时出现开裂；同时，型钢的良好力学性能可以提升构件的受力性能。

为了改善预制梁的受力性能，可以根据具体的受力情况，在预制梁的两端设置钢筋、钢板等，增强梁的受弯、受剪能力，以及在施工和使用过程中的性能。对于一些跨度较大的梁，条件允许时也可以使用预应力。

在预制梁就位后，按照设计要求，预留受力钢筋，并在预留的后浇混凝土处浇筑混凝土。

（三）预制板的安装

板是结构的重要组成部分，采用合适的施工方式可以有效提升施工效率和质量。预制板的具体工序如图 4-3 所示。

图 4-3　预制板的安装施工工序

在预制板的具体安装过程当中，应当注意以下几个方面的内容：

（1）标注准确。在施工现场，由于用于各种功用的板的类型有很多，因而在施工之前必须做好板类型的标注和整理，防止由组织不当造成工期延误，甚至形成安全隐患。在施工中，对需要进行吊装的预制板按图纸进行编号，并进行合理的场地布置，为接下来的吊装提供条件。

（2）铺设水泥浆层。由于板自身相对比较薄，在施工过程中一旦受到较大的集中荷载就容易产生损伤，因而在具体的施工过程中，除按照规范要求在距离 300 mm 处缓慢下放之外，也需要考虑梁或者承重墙所产生的集中荷载对板的影响。在施工过程中，可以在梁或者承重墙上铺设 10～20 mm 厚的水泥砂浆。实践证明，这样做可以有效减小在吊装过程中板的拉应力。

（3）接缝的处理。预制板就位后，应按设计要求安放附加钢筋，并把水、电等各类管线埋设完毕后浇混凝土。

预制板在水平连接时，易于产生开裂进而漏水，影响使用性能。为了避免预制板接缝产生裂纹，可采用以下处理方式：①利用键槽形式来替代之前一直使用的垂直板边缘，通过增大接触面积来增强黏结力，改善接缝处的受力性能；②使用较大尺寸的预制板进行建造，但是需要充分考虑板在生产、运输、吊装等过程中的受力性能；③注重对接缝处混凝土的养护。

（四）预制墙体的安装

预制墙体的安装要点如下：

（1）插筋调整。在进行下层混凝土浇筑之前，为了防止墙体与构件的连接质量受损，需要利用限位框对钢筋进行限位。当钢筋的位置偏差较大时，必须采取相应的矫正措施进行调整，必要时可以将混凝土凿开后进行调整。

（2）斜支撑的安装。由于预制墙体的体型一般都比较庞大，而且对于安装之后的垂直度要求都比较高，因而在预制墙体的安装过程当中，需要及时加装斜支撑。

斜向支撑的安装应当符合相关规范的要求，结合施工现场实际。每块墙体的斜支撑数量不少于 3 个，与水平向的夹角不大于 60°，当墙体较高时，可以在不同高度设置多个斜支撑。

（3）一体化预制剪力墙结构。在预制剪力墙结构当中，有些不需要提供较大抗侧刚度的墙体，出于降低成本的考虑，会采用后期加填空心砌块的方式。

剪力墙是承受水平剪力的重要构件，当墙体平面内受剪力作用时，其受力较大。剪力墙一般应配置直径较粗的纵向钢筋，且钢筋直径不小于构件钢筋直径；建议采用灌浆套筒对其进行连接，以保证连接的可靠性；对于墙体边柱（或边缘）以内的墙体纵筋，建议采用钢筋约束浆锚搭接连接，以节约连接费用，浆锚搭接的长度可取 $0.8l_a$（l_a为钢筋锚固长度）。当施工连接的部位因混凝土养护不善导致局部开裂时，框架湿节点处的后浇混凝土应采用微膨胀混凝土，可有效防止新旧混凝土结合面处出现收缩裂缝。当采用微膨胀混凝土时，一定要保湿养护，且至少养护 14 天。

（五）预制楼梯的安装

楼梯的制作工序复杂，时间较长，质量控制难度大，成为限制住宅产业发展的一大难题。为了适应产业化住宅的生产，工程师们提出直接将楼梯整体在生产工厂进行生产，在施工现场进行安装的思路。预制楼梯的安装工序一般包括测量放线、构件吊装、钢筋对位、就位调整、填充预留洞口等。

预制楼梯的体型一般都比较大，在安装时需要注意以下几个方面：

（1）吊装的要点。为了防止预制楼梯在吊装过程当中由于受力不均而受损，可以引入起吊扁担。起吊扁担一般采用型钢制造，受力性能良好。实践证明，采用起吊扁担进行预制楼梯的吊装效果优良。除进行预制楼梯的吊装之外，起吊扁担还适用于预制墙板等构件的吊装。

（2）就位及连接。预制楼梯吊装就位后，需要有专门人员进行测量，保证楼梯位置准确，必要时进行调整。预制楼梯与主体结构的连接一般采用焊接和螺栓连接等形式，在位置精度达到规范要求后，就可以开始连接。当焊接或者螺栓连接结束后，浇筑混凝土封装。

在进行节点的施工之前，首先需要保证预埋件的位置准确。对于常用的节点连接形式，为保证节点受力性能，在进行下一步的工序之前需要评估预埋件位置的精确度，必要时采取措施进行校正。节点混凝土浇筑区域薄弱，在进行混凝土浇筑的过程当中也需要注意。为了防止节点区段的混凝土在施工和使用过程中产生裂缝，可以采用补偿收缩混凝土，并且注意混凝土的强度一般要比构件的混凝土强度高 5 MPa。

第三节　可持续发展理念下的装配式建筑施工措施

目前，经济因素仍然是制约装配式建筑施工的主要因素。本节主要从政府和企业两个层面提出降低装配式建筑成本的策略，以促进装配式建筑的可持续发展。

一、从政府层面降低成本的措施

（一）完善标准

我国的装配式建筑尚处在起步阶段，还未达到模数化和配套化的要求，相关指导规范或者国家标准还有待完善。一些大型企业根据自身的经验方法自成一派，在名义上实施了企业小范围内的工业标准化，实则由于各个企业的标准差异而产生了一定的紊乱性。此种现象在 2014 年出现转机。2014 年，我国颁布了《装配式混凝土结构技术规程》（JGJ 1—2014），该规程作为装配式建筑行业标准，从材料选用到建筑设计、从构件制作和运输到结构施工以及工程验收等各个方面都进行了明确规定，在一定程度上杜绝了施工过程中的各种乱象。政府应进一步完善相关标准，这有利于企业降低成本，实现装配式建筑的可持续发展。

（二）扶持和培育大型企业集团，实现设计、施工、管理一体化

当前的装配式建筑实际项目中存在一个致命的问题，那就是尚未实现产业的一体化，即建筑设计、构件部品生产、构件施工安装都由独立的企业运作，相互之间没有交集，无法配合默契，在管理上无法达到高效的运作，建筑成本较高。

因此，在我国当前的社会形势下，装配式建筑的出路很明朗，那就是实现设计、施工、管理一体化。项目的整个生命周期涵盖面很广，采用一套完整的贯通整个寿命周期的系统化的统筹运作模式是十分必要的。政府要考虑产业优化的要求，扶持和培育大型企业集团，通过对企业的积极性、主动性和创造性三个方面的调动不断推进住宅产业化。

（三）加大政策扶持力度

政府应采取税收优惠政策和经济激励政策来鼓励和引导开发商进行装配式建筑的施工，减免研发经费，降低税费，提供贴息贷款，在建筑面积、容积率、绿化率等经济技术指标上予以优惠，减少审批程序，缩短项目审批周期。在这样的政策指导下，企业会更加积极主动地发展建筑工业化技术。从购买者的角度考虑，政府可以从契税、利率等角度给予优惠，使销售更为顺畅。由于建筑产业是对环境影响很大的消耗性产业，因此在考虑经济效益的同时需要考虑资源环境和社会效益，以此来体现装配式建筑施工在能源的高效利用和低消耗等方面的优势。

二、从企业层面降低成本的措施

（一）合理拆分和设计

建筑工业化设计的主要任务是进行构件的拆分组合设计。在构件拆分设计过程中要综合考虑构件总数和质量，以及构件标准化程度等。所以应尽量进行标准化拆分设计，使构件单元化程度更高，以达到降低成本、促进装配式建筑可持续发展的目的。

典型的例子有很多，比如外墙单元，在结合建筑的造型和外立面的基础上对其进行拆分设计，以结构的柱或剪力墙为界进行划分，两轴线之间为一外墙单元，在划分的基础上进行编号。考虑到构件安装的问题，需在构件的边角留出相应的预留钢筋或者其他预埋构件。

（二）深化设计流程优化

目前，深化设计流程的起点是设计院，预制构件设计方案由设计院出图后，经由专业的构件厂深化设计公司和项目各方进行综合处理，从而对设计进行优化，包括方案的调整和对构件生产或者工艺要求的考虑。这种流程看似合理，实则漏洞百出：①构件厂并不能满足多个不同专业的需求，甚至会产生各种需求的误读，从而影响施工进程；②面对各种需求，并没有行之有效的处理手段或方法，任务交接存在断层；③设计完成后无法返还给各需求方审核，深化设计质量不能保证。

深化设计是一个复杂的过程，专业甚多，许多专业也并非孤立的，多个专业之间存在着多种联系，缺乏实际施工经验的单位根本无法胜任这项工作。为了优化深化设计流程，可以将施工总承包单位作为深化设计的起点，由总承包单位及时了解、收集各个专业的具体要求，并进行问题的系统处理，提高设计的集成度，再将设计建议统一交给下游的构件生产厂。构件生产厂在此基础上将需求转化为其他专业的相关图纸，按照实际生产的要求进行图纸深化。在设计过程中，构件生产厂只需与施工总承包单位一方充分沟通交流，实现多专业的相互配合，这样既节省了交流的环节，提高了设计效率，又降低了成本和信息不对称出现的概率。施工单位通过图纸评审会的方式组织与其他各参与方的深入图纸审阅，各参与方应在总承包商的安排下充分沟通交流。

（三）提高构件重复率

通过优化设计，使构件部品外形保持一致，提高构件的重复率，减少预制构件种类，降低构件预制厂模具种类数量，提高模具周转使用率，降低预制构件生产成本中的模具费用，从而降低构件生产成本。为了控制模板的使用和脚手架搭建的投入，水平构件宜采取预制的方式，从而减少直接人工费和措施费。

（四）确定构件的安装顺序

构件的安装顺序对成本的影响很大，因此需要进行合理的安装规划。首先应该考虑水平方向构件的安装，如预制叠合楼板等；然后考虑承重构件的安装，也就是建筑的梁柱承重体系；最后进行围护结构也就是墙体部分的安装。然而如果优先满足安全性，则顺序将会有所不同，依次是围护结构、墙体楼板、承重体系。通过以上分析，能够得出最优的安装顺序：预制楼板—内墙—外墙—承重构件。

（五）确定合理的预制率，注重规模效益

装配式建筑的成本和预制率有着紧密的联系，在分析其对装配式建筑成本的影响机理前，先要理解规模效益的概念和相关理论。薄利多销的现象是规模效益的一个例子，当某种产品的产量增加时，单位产品的成本反而会降低，那么利润也会越来越丰厚。产生这种现象的原因是企业内的各种投入并没有最大限度地实现产出。

规模效益并不是无条件发生的，而是有一定的前提条件，只有当规模落在盈亏平衡点（BEP）和边际成本（MC）与平均成本（AC）相等的点之间时才会产生，如图 4-4 所示。

盈亏平衡点也就是我们常说的保本点或零利润点。生产量处于此点时，企业既不赚钱也不亏钱，也就是说总收入和总投入相互抵消。一旦收入高于投入，企业就能够实现盈利，反之亦然。

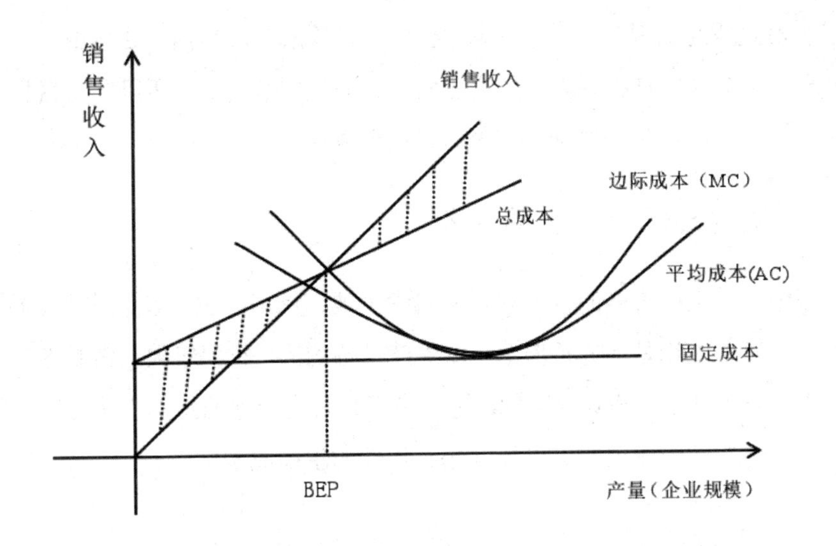

图 4-4　边际成本（MC）与平均成本（AC）趋势图

图 4-4 表明，平均成本或边际成本并非一个简单的参数，两者与企业规模有着复杂的联系，表现为先减后增的非线性关系。原因在于企业随着规模的扩大而使采购原材料、运输等的成本及单位成本降低，这时材料或者构件的提供方可以通过走量的方式得到丰厚的利润，而并不需要去提高单价，也就是我们常说的薄利多销。运输成本会在企业规模扩大时呈增长趋势，这是因为当本地资源无法满足企业发展需要时，需要调用外地的材料，运输成本自然就高。衡量一个企业是否产生了规模效益，只需要看平均成本和边际成本的关系。边际成本的概念与传统的成本并不相同，主要是指当新增或者附加生产一种构件时，企业需要另行投入的成本增量。边际成本和平均成本的关系决定了企业规模和平均成本的关系。当边际成本不高于平均成本时，则表明平均成本与企业规模成反比关系；当边际成本与平均成本相等时，可以实现最优的规模效应，一旦超过此临界点，盲目扩大企业的规模只会提高平均成本，出现有规模不经济现象。

在一定范围内，随着预制率的提高，装配式建筑的成本会有所降低，但是超出规模效益的范围，预制率过高，也可能导致成本的提高，这是由于过多的构件会带来高昂的连接材料费、人工费、运输和安装费等。所以不可盲目追求高构件预制率，而是需要确定一个合理的预制率。

（六）降低预制构件的价格

预制构件生产价格的构成要素中包含土地、厂房、生产设备的折旧费用，其折旧计算方法均是加速折旧法。以生产设备为例，折旧年限通常是 5 年，远低于生产设备的实际寿命。因此，进一步研究采用合理的折旧方法和适当的折旧年限来降低摊销费用，可以控制预制构件的生产成本。

（七）合理布置构件厂的位置和控制运送次数

装配式建筑较普通建筑所增加的运输费用和构件生产厂家距离施工现场的远近和运输次数有关。如何才能实现构件厂的优化配置至关重要。另外，在充分考虑公路运输法规的条件下，在允许的范围内可以适当地最大化构件尺寸，同时规划好构件的摆放位置和摆放方式，以最大限度地增加预制构件的运输速度，减少运送中转的次数，从而达到对运输成本的有力控制。

（八）合理安排运输路线

为了避免出现堵车或者其他路况问题，在安排预制构件的运输工作前，必须对不少于两条的不同运输路线进行预测分析，从而保证出现突发情况时不会带来运输上的损失。需要注意的是，许多构件的尺寸可能超过了规定的许可范围，需要到相关部门办理相关手续。只有做到周密的路段调查和部署，才能够找到最佳的运输路线。

（九）提升安装速度，使安装的成本减少

装配式建筑主要依靠的是人工拼装和重型吊车吊装，所以安装速度对安装成本起着决定性作用。为了达到较高的安装速度，分段流水安装方式被许多施工方采用，这种安装方式的优点在于不同的工序能够同时开展，提高安装效率，从而达到节省成本的目的。

第五章　建筑绿色施工

第一节　绿色施工概述

一、绿色施工定义

绿色施工是绿色建筑全寿命周期的一个重要组成部分，绿色施工与绿色建筑一样，是建立在可持续发展理念上的，是可持续发展思想在施工中的体现，因此应该满足可持续发展的要求。

《建筑工程绿色施工评价标准》（GB/T 50640—2010）对绿色施工的定义是：在保证质量、安全等基本要求的前提下，以人为本，因地制宜，通过科学管理和技术进步，最大限度地节约资源，减少对环境负面影响的工程施工活动。

绿色施工是将可持续发展观应用在传统施工上。与传统施工相比，它们既有相同点，又有很大的不同。传统施工主要关心的是工程进度、工程质量和工程成本，对节约资源能源和环境保护没有很高的要求，除非合同明确规定。而绿色施工不仅要求质量、安全、进度等达到要求，而且要求从生产的全过程出发，依据可持续发展理念来统筹规划施工全过程，优先使用绿色建材，改进传统施工工艺和施工技术，在按要求完成项目的前提下，尽量减少施工过程中对环境的污染和对材料的消耗。所以，绿色施工比传统施工的要求要严格得多。随着可持续发展理念在建筑业的推广，绿色施工作为一种经济型、节约型、环保型的新型施工模式，将会是广大施工企业的必然选择。

值得一提的是，现在有很多施工单位都制定了文明施工方案，其实绿色施工和文明施工也是有区别的。文明施工的特点主要突出在“文明”。它包括对场容场貌的要求，比如现场道路畅通、排水沟和排水设施通畅、工地地面硬化处理、工地现场绿化、材料按要求堆放等，还有就是对现场临时设施、安全施工以及减少对附近居民的影响也有一定的要求。而绿色施工是以可持续发展为基础提出的新理念，它主要要求的是“四节一环保（节能、节地、节水、节材和环境保护）”，从内容上看，绿色施工包括了一个良好的、文明的施工环境。因此，可以说绿色施工的要求比文明施工更严格。

二、推进绿色施工的意义

（一）有效节约资源

施工企业从事铁路、公路、港口、机场、房屋、矿山等建筑活动，需要消耗大量的钢材、木材、水泥、砂石、土地、水等资源，是消耗资源的大户。我国虽然幅员辽阔，但资源相对贫乏，人均耕地拥有量、人均水资源占有量等在世界排名中均靠后，快速的经济发展与资源紧缺的矛盾日益突出。节约资源是每个企事业单位、每个公民的义务。施工企业开展绿色施工活动，可以有效地节约资源。以中铁大桥局承建并被评为第二批全国建筑业绿色施工示范工程的黄冈公铁两用长江大桥为例，该桥的施工单位按照《建筑工程绿色施工评价标准》等文件精神，认真组织开展了绿色施工活动，取得了较好效果。施工单位在该桥施工期间，共节电 1 218 万千瓦时，节水 9.9 万立方米，节地 37.4 亩（1 亩＝666.7 m^2），钢材、水泥等的用量也大大低于计划消耗量，从而得到了中国建筑业协会和社会的高度评价。

（二）有利于环境保护

施工企业的生产活动，必然会改变工程所在地的自然环境，工程周边的环境也难免会受其影响。施工企业既要完成建筑产品的生产任务，又要保护好工程周围的环境，这是一项十分艰巨的任务。开展绿色施工活动，可以促使施工企业采取必要的措施，搞好环境保护工作。以得到中国建筑业协会表彰的被评为第四批全国建筑业绿色施工示范工程的蒙西华中铁路公安长江大桥为例，施工单位从工程建设开始，就综合考虑周边环境，考虑老百姓的利益，合理布置施工场地，钢筋加工厂和混凝土搅拌站都远离居民区，采用封闭式厂房，尽量选用低噪声的机械设备；对生活用水和施工废水、废油、垃圾都集中收集，按当地政府要求处理；每天派人对生产区、生活区进行清扫，配置洒水车定时洒水，确保扬尘不超标，不影响农作物的生长。同时，施工单位通过优化施工方案，以达到节能减排的目的，如：在引桥钻孔桩施工方案中，泥浆池采用几个墩子共用的方式设置，增加了泥浆池的利用率，减少了用地数量，也减少了废弃泥浆的排放；在编制拌和站方案时，安排在栈桥上布置水管，直接引入长江水，经过沉淀、净化、检测合格后用于混凝土搅拌，减少了自来水的使用量；等等。总之，通过开展绿色施工活动，施工单位采取切实有效的措施，减少了对工地及周边环境的干扰与影响，取得了较好的社会效益。

（三）提高企业经济效益

降低工程成本，取得理想的经济效益是每个施工企业追求的目标。

近些年来，通过深化内部改革，转变经济增长方式，实施多元化经营，施工企业的合同签约额、营业额都有了大幅度上升，企业效益也不同程度地提高了。但是，部分企业外延粗放型增长特征较为明显、节约意识不强、资源浪费比较严重、盈利水平偏低的情况一直没有明显改观，这与日益扩大的经营规模不相匹配，影响了企业的发展。如何改变现状，开展绿色施工活动是一个有效的办法。这样做既符合国家生态文明建设的要求，节约资源，有利于环境保护，又可以降低工程项目的成本，提高企业的经济效益。以中铁大桥局承建的黄冈公铁两用长江大桥为例，施工单位通过开展绿色施工活动，减少了原材料、水、电、油等资源的消耗，直接降低工程成本达 3 082 万元，其中通过节能措施节约成本 2 772 万元，效果十分显著。

第二节　绿色施工管理

要实现绿色施工，实施和保证绿色施工管理尤为重要。绿色施工管理主要包括组织管理、规划管理、实施管理、评价管理、人员安全与健康管理五大方面。以传统施工管理为基础，以文明施工、安全管理为辅助，以实现绿色施工目标为目的，在技术进步的同时，完善包含绿色施工思想的管理体系和方法，用科学的管理手段实现绿色施工，是十分必要的。

一、绿色施工组织管理

（一）绿色施工管理体系

绿色施工要求建立公司和项目两级绿色施工管理体系。

1.公司绿色施工管理体系

施工企业应该建立以总经理为第一责任人的绿色施工管理体系，一般由总工程师或副总经理作为绿色施工牵头人，负责协调人力资源管理部门、成本核算管理部门、工程科技管理部门、材料设备管理部门、市场经营管理部门等管理部室。

（1）人力资源管理部门：负责绿色施工相关人员的配置和岗位培训；负责监督项目部绿色施工相关培训计划的编制、落实以及效果反馈；负责组织国内和本地区绿色施工新政策、新制度在全公司范围内的宣传；等等。

（2）成本核算管理部门：负责绿色施工直接经济效益分析。

（3）工程科技管理部门：负责全公司范围内所有绿色施工创建项目在人员、机械、周转材料、垃圾处理等方面的统筹协调；负责监督项目部绿色施工各项措施的制定和实施；负责项目部相关数据收集的及时性、齐全性与正确性，并在全公司范围内及时进行横向对比后将结果反馈到项目部；负责组织实施公司一级的绿色施工专项检查；负责配合人力资源管理部门做好绿色施工相关政策制度的宣传；等等。

（4）材料设备管理部门：负责建立公司“绿色建材数据库”和“绿色施工机械、机具数据库”，并随时进行更新；负责监督项目部材料限额领料制度的制定和执行情况；负责监督项目部施工机械的维修、保养、年检等管理情况。

（5）市场经营管理部门：负责对绿色施工分包合同的评审，将绿色施工有关条款写入合同。

2.项目绿色施工管理体系

绿色施工创建项目必须建立专门的绿色施工管理体系。项目绿色施工管理体系不要求采用一套全新的组织结构形式，而是在传统项目组织结构的基础上，融入绿色施工目标，并能够制定相应的责任和管理目标，以保证绿色施工高效开展的管理体系。

项目绿色施工管理体系要求在项目部成立绿色施工管理机构，作为总体协调项目建设过程中有关绿色施工事宜的机构。这个机构的成员由项目部相关管理人员组成，还可包含建设项目其他参与方，如建设方、监理方、设计方的人员。同时，实施绿色施工管理的项目必须设置绿色施工专职管理员，各个部门要任命相关的绿色施工联络员，负责本部门所涉及的与绿色施工有关的职能。

（二）绿色施工责任分配

1.公司绿色施工责任分配

总经理为公司绿色施工第一责任人。总工程师或副总经理作为绿色施工牵头人负责绿色施工专项管理工作。以工程科技管理部门为主，其他各管理部室负责与其工作相关的绿色施工管理工作，并配合协助其他部室工作。

2.项目绿色施工责任分配

项目经理为项目绿色施工第一责任人，项目技术负责人、分管副经理、财务总监以及建设项目各参与方代表等组成绿色施工管理机构。绿色施工管理机构开工前应制定绿色施工规划，确定拟采用的绿色施工措施，并进行管理任务分工，保证每项任务都有管理部门或个人负责决策、执行、参与和检查。绿色施工管理任务分工表制定完成后，每个执行部门负责填写《绿色施工措施规划表》并报绿色施工专职管理员，绿色施工专职管理员初审后报项目部绿色施工管理机构审定，而后将其作为项目正式指导文件下发到每一个相关部门和人员。在绿色施工实施过程中，绿色施工专职管理员应负责各项措施实施情况的协调和监控。同时在实施过程中，针对技术难点、重点，可以聘请相关专家作为顾问，保证实施顺利。

二、绿色施工规划管理

（一）绿色施工图纸会审

绿色施工开工前应组织绿色施工图纸会审，也可在设计图纸会审中增加绿色施工部分，从绿色施工“四节一环保”的角度，结合工程实际，在不影响质量、安全、进度等基本要求的前提下，对设计进行优化，并保留相关记录。

现阶段绿色施工处于发展阶段，工程的绿色施工图纸会审应该由公司一级管理技术人员参加，在充分了解工程基本情况后，结合建设地点、环境、条件等因素提出合理性设计变更申请，经相关各方同意会签后，由项目部具体实施。

（二）绿色施工总体规划

1.公司规划

在确定某工程要实施绿色施工管理后，公司应对其进行总体规划，规划内容包括：

（1）材料设备管理部门从“绿色建材数据库”中选择距工程 500 km 范围内绿色建材供应商的数据供项目选择，从“绿色施工机械、机具数据库”中结合工程具体情况，提出机械设备选型建议。

（2）工程科技管理部门收集工程周边在建项目信息，对工程临时设施建设需要的周转材料、临时道路路基建设需要的碎石类建筑垃圾，以及工程前期拆除工序产生的建筑垃圾就近处理等提出合理化建议。

（3）根据工程特点，结合类似工程经验，对工程绿色施工目标设置提出合理化建议和要求。

（4）对绿色施工要求的执证人员、特种人员提出要求和建议；对工程绿色施工实施提出基本培训要求。

（5）在全公司范围内，从绿色施工“四节一环保”的基本原则出发，统一协调资源、人员、机械设备等，以求达到资源消耗最少、人员搭配最合理、设备协同作业程度最高、最节能等目的。

2.项目规划

在进行绿色施工专项方案编制前，项目部应对以下因素进行调查并结合调查结果作出绿色施工总体规划。

（1）工程建设场地内原有建筑分布情况。原有建筑需拆除的，要考虑对拆除材料的再利用；原有建筑需保留，但施工时可以使用的，要结合工程情况合理利用；原有建筑需保留，施工时严禁使用且要求进行保护的，要制定专门的保护措施。

（2）工程建设场地内原有树木情况。需移栽到指定地点的，安排有资质的队伍合理移栽；需就地保护的，制定就地保护专门措施；需暂时移栽的，竣工后移栽现场得安排有资质的队伍合理移栽。

（3）工程建设场地周边地下管线及设施分布情况。制定相应的保护措施，并考虑施工时是否可以借用，以避免重复施工。

（4）竣工后规划道路的分布和设计情况。施工道路的设置尽量与规划道路重合，并按规划道路路基设计进行施工，避免重复施工。

（5）竣工后地下管网的分布和设计情况。特别是排水管网，建议一次性施工到位，避免重复施工。

（6）距施工现场 500 km 范围内主要材料分布情况。虽然有公司提供的材料供应建议，但项目部仍需要根据工程预算材料清单，对主要材料的生产厂家进行摸底调查，距离太远的材料考虑运输能耗和损耗，在不影响工程质量、安全、进度、美观等前提下，可以提出设计变更建议。

（7）相邻建筑施工情况。施工现场周边是否有正在施工或即将施工的项目，从建筑垃圾处理、临时设施周转材料衔接、机械设备协同作业、临时或永久设施共用、土方临时堆场借用甚至临时绿化移栽等方面考虑是否可以合作。

（8）施工主要机械来源。根据公司提供的机械设备选型建议，结合工程现场周边环境，规划施工主要机械的来源，应尽量减少运输能耗，以最高效为基本原则。

（9）其他。第一，考虑设计中是否有某些构配件可以提前施工到位，在施工中运用，避免重复施工。例如：高层建筑中的消防主管提前施工并保护好，用作施工消防主管，避免重复施工；地下室消防水池在施工中用作回收水池，循环利用楼面回收水等。第二，考虑运土时对运输路线周边环境的污染和运输能耗等，卸土场地或土方临时堆场距离越近越好，且在满足设计要求前提下，回填土来源距离越近越好。第三，事先联系好回收和清理建筑、生活垃圾的部门。第四，分析工程实际情况，判断是否可以采用工厂化加工的构件或部品，如调查现场附近钢筋、钢材集中加工成型，结构部品化生产，装饰装修材料集中加工的厂家条件。

（三）绿色施工专项方案

在进行充分调查之后，项目部应根据总体规划的内容编制绿色施工专项方案。

1.绿色施工专项方案主要内容

绿色施工专项方案是在工程施工组织设计的基础上，对绿色施工有关的部分进行具体和细化，其主要包括以下几个方面的内容：

（1）绿色施工组织机构及任务分工。

（2）绿色施工的具体目标。

（3）绿色施工针对“四节一环保”的具体措施。

（4）绿色施工社会、经济、环境效益分析。

（5）绿色施工的评价管理措施。

（6）工程主要机械、设备表。

（7）绿色施工设施购置（建造）计划清单。

（8）绿色施工具体人员组织安排。

（9）施工现场平面布置图等。

2.绿色施工专项方案审批要求

绿色施工专项方案要求严格按项目、公司两级审批。绿色施工专项方案一般由绿色施工专职施工员进行编制，项目技术负责人审核后，报公司总工程师审批，只有审批手续完整的方案才能用于指导施工。

绿色施工专项方案有必要时，考虑组织进行专家论证。

三、绿色施工实施管理

绿色施工专项方案和目标值确定之后，进入项目的实施管理阶段，绿色施工应对整个过程实施动态管理，加强对施工策划、施工准备、现场施工、工程验收等各阶段的管理和监督。

绿色施工实施管理的实质是对实施过程进行控制，以达到规划所要求的绿色施工目标，通俗地说就是为实现目的进行的一系列施工活动。绿色施工实施管理主要强调以下几点：

（一）建立完善的制度体系

“没有规矩，不成方圆”。绿色施工要求在开工前制订详细的专项方案，确立具体的各项目标，在实施过程中，应采取一系列措施和手段，确保按方案施工，最终满足目标要求。

绿色施工应建立整套完善的制度体系，这样既能约束不绿色的行为又能制定应该采取的绿色措施，从而保障绿色施工得以贯彻实施。

（二）配备全套管理表格

绿色施工的目标值大部分是量化指标，因此在实施过程中应该收集相应的数据，定期将实测数据与目标值进行比较，及时采取纠正措施或调整不合理目标值。另外，施工管理是一个过程性活动，随着工程的竣工，很多施工措施将消失不见，为了考核绿色施工效果，要及时发现存在的问题，针对每一个绿色施工管理行为制定相应的管理表格，并在施工中监督填制。

（三）营造绿色施工氛围

目前，绿色施工理念还没有深入人心，很多人并没有完全接受绿色施工理念，绿色施工实施管理首先应该纠正员工的思想，努力让每一个员工把节约资源和保护环境放到一个重要的位置上，让绿色施工成为一种自觉行为。要达到这个目的，应结合工程项目的特点，有针对性地对绿色施工作相应的宣传，通过宣传营造绿色施工的氛围。

绿色施工要求在现场施工标牌中增加环境保护的内容，在施工现场的醒目位置设置环境保护标识。

（四）增强职工绿色施工意识

施工企业应重视企业内部的文化建设，使管理水平不断提高，并不断提高职工的素质，增强职工的环境意识。具体应做到：

（1）加强管理人员的培训，然后由管理人员对操作人员进行培训，增强员工的绿色施工意识。

（2）在施工阶段，定期对操作人员进行宣传教育，要求操作人员严格按已制定的绿色施工措施进行操作，鼓励操作人员节约水电、节约材料、注重机械设备的保养、注意施工现场的清洁，文明施工，不制造人为污染。

（五）借助信息化技术

绿色施工实施管理可以将信息化技术作为协助实施手段。目前，施工企业信息化建设越来越完善，已建立了进度控制、质量控制、材料消耗、成本管理等信息化模块，在企业信息化平台上开发绿色施工管理模块，对项目绿色施工实施情况的监督、控制和评价等工作能起到积极的辅助作用。

四、绿色施工评价管理

绿色施工管理体系中应该有自评价体系，以便根据编制的绿色施工专项方案，结合工程特点，对绿色施工的效果及采用的新技术、新设备、新材料和新工艺进行自评价。自评价分项目自评价和公司自评价两级。分级对绿色施工实施效果进行综合评价，根据评价结果对方案、措施以及技术进行改进、优化是十分必要的。

（一）绿色施工项目自评价

项目自评价由项目部组织，分阶段对绿色施工各个措施进行评价，自评价办法可以参照《建筑工程绿色施工评价标准》进行。

绿色施工自评价一般分三个阶段进行，即地基与基础工程、结构工程、装饰装修与机电安装工程阶段。原则上每个阶段不少于一次自评，且每个月不少于一次自评。

绿色施工自评价分四个层次进行：绿色施工要素评价、绿色施工批次评价、绿色施工阶段评价和绿色施工单位工程评价。

绿色施工的要素按“四节一环保”分别制表进行评价。绿色施工批次评价是将同一时间进行的绿色施工要素评价进行加权统计，得出单次评价的总分。绿色施工阶段评价是将同一施工阶段内进行的绿色施工批次评价进行统计，得出该施工阶段的平均分。绿色施工单位工程评价是将所有施工阶段的评价得分进行加权统计，得出本工程绿色施工评价的最后得分。

（二）绿色施工公司自评价

在项目实施绿色施工管理过程中，公司应对其进行评价。评价由专门的专家评估小组进行，原则上每个施工阶段都应该进行至少一次公司评价。

公司可以自行设计符合项目管理要求的评价表格。但公司在每次评价后，应该及时与项目自评价结果进行对比，差别较大的工程应重新组织专家评价，找出差距原因，制定相关措施。

绿色施工评价是推广绿色施工工作中的重要一环，只有真实、准确、及时地对绿色施工进行评价，才能了解绿色施工的状况和水平，发现其中存在的问题和薄弱环节，并在此基础上进行持续改进，使绿色施工的技术和管理手段更加完善。

五、人员安全与健康管理

为了保障施工人员的健康，建筑施工企业应制定施工防尘、防毒、防辐射等防范职业危害的措施和办法。

目前在国内安全管理中，已引入职业健康安全管理体系，不少建筑施工企业也都开始积极地进行职业健康安全管理体系的建立并先后取得体系认证，在施工生产中将原有的安全管理模式规范化、文件化、系统化地结合到职业健康安全管理体系中，使安全管理工作循序渐进、有章可循。在实施职业健康安全管理体系过程中，要注意做好以下几个方面的工作：

（一）建立适合企业自身实际的职业健康安全管理体系标准构架

建立好的体系结构，对以后体系的运作起到决定性的作用。企业要面对自身的实际情况，对施工组织模式、施工场所、技术工艺、职工素质进行科学细致的分析，建立自己的易于操作执行、简洁高效的管理手册、程序文件及体系支撑性文件。职业健康安全管理体系是一个新生事物，对它的认知有个过程，对体系的理解因人而异。相对于施工企业而言，施工周期长、施工条件恶劣、与危害因素接触较为频繁、风险发生概率大、伤害结果严重、施工人员素质相对较低等诸多因素决定了建筑施工行业安全工作的复杂性。所以，在前期做好企业内部的调查分析，建立一套简洁高效的管理手册和程序文件尤为重要。

（二）重视职业健康安全管理体系的宣贯工作

企业要通过职业健康安全管理体系的宣贯工作，使职工认识到推行职业健康安全管理体系并不是要重新建立一套安全管理体制，而是要与现行的安全管理体制有机结合，使安全管理工作循序渐进、有章可循。该体系面对的是企业的各级职工，需要依靠基层职工来执行，因此宣贯不能仅局限于管理层，还要普及到基层职工。尤其在体系完成的试运行阶段，企业要通过集中办班、印制通俗易懂的宣传册，在施工生产现场、班组工作间进行形式多样的培训、宣传，使职工在体系贯彻伊始就有个好习惯。同时，企业还要培训出一批合格的体系内审员，做好体系的正常良性运作，及时找出体系的误差，使体系不至于偏离方向。

（三）把握好职业健康安全管理体系在施工管理中的重点控制环节

该体系是否执行到位是安全目标能否得以实现的关键，为此需要把握好体系在施工管理中的几个重点控制环节。

（1）做好做实危险源的辨识和控制。危险源的辨识和控制是体系的核心，施工企业应有较为详细的安全操作规程，如安全性评价、安全检查等。危险源辨识包括两方面的内容：一是识别系统中可能存在的危险、有害因素的种类，这是识别工作的首要任务；二是在此基础上进一步识别各种危险、有害因素的危害程度。

（2）做好基层班组对体系的执行和落实工作。危险源的辨识和控制是否能取得预期的实效，发挥超前控制事故的作用，关键在于各项控制措施是否在基层班组中得到严格执行，这是体系得以发挥作用的基础，直接关系到体系的运作效果。班组开展危险源辨识和控制，认真落实各项防控措施，能有效地预防事故发生。班组是危险源辨识和控制的基础层，从危险源的查找到具体工作中的督促实施、记录跟踪，大量的工作都要靠班组落实。

（四）重视内审

职业健康安全管理体系是一个动态性很强的体系，它要求企业在实施职业健康安全管理时始终保持持续改进的意识，对体系进行不断的完善，使体系的功能性不断加强。内审这个自我检查的过程，对于修正体系的偏差、加强体系的适应性，以及找出管理的弱点，进行自我调节、自我完善具有重要作用。内审范围应全面、详细。企业可以通过内审的结果，对体系是否符合标准、是否完成了职业安全目标作出判断，并使它能够与其他管理活动进行有效融合，不断提高检查、纠错、验证、评审和改进职业安全健康工作的能力。

第三节　绿色施工环保技术

一、封闭降水技术

（一）技术内容

基坑封闭降水是指在坑底和基坑侧壁采用降水措施，在基坑周边形成止水帷幕，阻截基坑侧壁及基坑底面的地下水流入基坑，在基坑降水过程中对基坑以外的地下水不产生影响的降水方法。

基坑施工时应按需降水或隔离水源：中国沿海地区宜采用地下连续墙或护

坡桩＋搅拌桩止水帷幕的地下水封闭措施；内陆地区宜采用护坡桩＋旋喷桩止水帷幕的地下水封闭措施；河流阶地地区宜采用双排或三排搅拌桩对基坑进行封闭，同时兼做支护的地下水封闭措施。

（二）技术指标

（1）封闭深度：宜采用悬挂式竖向截水和水平封底相结合的措施，在没有水平封底措施的情况下，要求侧壁帷幕（连续墙、搅拌桩、旋喷桩等）插入基坑下卧不透水土层一定深度。深度应按下式计算：

$$L = 0.2h_w - 0.5b$$

式中：L 为帷幕插入不透水层的深度（m）；

h_w 为作用水头（m）；

b 为帷幕厚度（cm）。

（2）截水帷幕厚度：应满足抗渗要求，渗透系数宜小于 1.0×10^{-6}cm/s。

（3）基坑内井深度：可采用降水井和疏干井。若采用降水井，则井深度不宜超过截水帷幕深度；若采用疏干井，则应插入下层强透水层。

（4）结构安全性：截水帷幕必须在有安全的基坑支护措施下配合使用，或者帷幕本身经计算能同时满足基坑支护的要求。

二、施工现场水收集与综合利用技术

（一）技术内容

在施工过程中，应高度重视施工现场非传统水源的水收集与综合利用。施工现场水收集与综合利用技术包括基坑施工降水回收利用技术、雨水回收利用技术、现场生产和生活废水回收利用技术。

（1）基坑施工降水回收利用技术，一般包含两种技术：一是利用自渗效果将上层滞水渗至下层潜水层中，可使部分水资源重新回灌至地下的回收利用技术；二是将降水所抽水体集中存放，施工时再利用。

（2）雨水回收利用技术是指在施工现场将雨水收集后，对其进行渗蓄、沉淀等处理，集中存放并再利用。回收水可直接用于冲刷厕所、施工现场洗车及现场洒水控制扬尘。

（3）现场生产和生活废水回收利用技术是指将施工生产和生活废水进行过滤、沉淀或净化等处理达标后再利用。

经过处理或水质达到要求的水体可用于绿化、结构养护以及混凝土试块养护等。

（二）技术指标

（1）利用自渗效果将上层滞水引渗至下层潜水层中，有回灌量、集中存放量和使用量记录。

（2）施工现场用水至少应有 20% 源于雨水和生产废水回收利用。

（3）污水排放应符合国家标准的相关规定。

（4）基坑降水回收利用率 R 为：

$$R = K_6 \frac{Q_1 + q_1 + q_2 + q_3}{Q_0}$$

式中：Q_0——基坑涌水量（m^3/d），按照最不利条件计算最大流量；

Q_1——回灌至地下的水量（m^3/d），根据地质情况及试验确定；

q_1——现场生活用水量（m^3/d）；

q_2——现场控制扬尘用水量（m^3/d）；

q_3——施工砌筑抹灰等用水量（m^3/d）；

K_6——损失系数，取 0.85～0.95。

三、建筑垃圾减量化与资源化利用技术

（一）技术内容

建筑垃圾指在新建、扩建、改建和拆除、加固各类建筑物、构筑物、管网以及装饰装修等过程中产生的施工废弃物。

建筑垃圾减量化是指在施工过程中采用绿色施工技术以及精细化施工和标准化施工等措施，减少建筑垃圾排放。建筑垃圾资源化利用是指建筑垃圾就近处置、回收直接利用或加工处理后再利用。建筑垃圾减量化与资源化利用主要措施为：实施建筑垃圾分类收集、分类堆放；碎石类、粉类建筑垃圾进行级配后用作基坑槽、路基的回填材料；采用移动式快速加工机械，将废旧砖瓦、废旧混凝土就地分拣、粉碎、分级，变为可再生骨料。

可回收的建筑垃圾主要有散落的砂浆和混凝土、剔凿产生的砖石和混凝土碎块、打桩截下的钢筋混凝土桩头、砌块碎块，废旧木材、钢筋余料、塑料等。

现场建筑垃圾减量化与资源化利用的主要技术有：

（1）对钢筋采用优化下料技术，提高钢筋利用率；对钢筋余料采用再利用技术，如将钢筋余料用于加工马凳筋、预埋件与安全围栏等。

（2）对模板的使用应进行优化拼接，减少裁剪量；对木模板应采用合理的设计和加工制作技术，提高重复使用率；对短木方采用指接长技术，提高短木方利用率。

（3）对混凝土浇筑施工中的混凝土余料做好回收利用，可将其用于制作小过梁、混凝土砖等。

（4）在二次结构的加气混凝土砌块隔墙施工中，做好加气块的排块设计，

在加工车间进行机械切割，减少工地加气混凝土砌块的废料。

（5）废塑料、废木材、钢筋头与废混凝土的机械分拣技术；利用废旧砖瓦、废旧混凝土为原料的再生骨料就地加工与分级技术。

（6）现场直接利用再生骨料和微细粉料作为骨料和填充料，生产混凝土砌块、混凝土砖、透水砖等制品的技术。

（7）利用再生细骨料制备砂浆及其使用的综合技术。

（二）技术指标

（1）再生骨料应符合《混凝土用再生粗骨料》（GB/T 25177—2010）、《混凝土和砂浆用再生细骨料》（GB/T 25176—2010）、《再生骨料应用技术规程》（JGJ/T 240—2011）、《再生骨料地面砖和透水砖》（CJ/T 400—2012）和《建筑垃圾再生骨料实心砖》（JG/T 505—2016）的规定。

（2）建筑垃圾产生量应不高于 350 t/hm^2，可回收的建筑垃圾回收利用率达到 80%以上。

四、施工现场太阳能光伏发电照明技术

（一）技术内容

施工现场太阳能光伏发电照明技术是利用太阳能电池组件将太阳光能直接转化为电能储存并用于施工现场照明系统的技术。发电系统主要由光伏组件、控制器、蓄电池（组）和逆变器（当照明负载为直流电时，不使用）及照明负载等组成。

（二）技术指标

施工现场太阳能光伏发电照明技术中的照明灯具负载应为直流负载，选用的灯具以工作电压为 12 V 的 LED 灯为主。生活区安装太阳能发电电池，保证道路照明使用率达到 90%以上。

（1）光伏组件具有封装及内部联结的、能单独提供直流电输出的、最小不可分割的太阳电池组合装置，又称太阳电池组件。太阳光充足、日照好的地区，宜采用多晶硅太阳能电池；阴雨天比较多、阳光相对不是很充足的地区，宜采用单晶硅太阳能电池。选用的太阳能电池输出的电压应比蓄电池的额定电压高 20%～30%，以保证蓄电池正常充电。

（2）太阳能控制器控制整个系统的工作状态，并对蓄电池起到过充电保护、过放电保护的作用；在温差较大的地方，应具备温度补偿和路灯控制功能。

（3）蓄电池一般为铅酸电池，在小微型系统中，也可用镍氢电池、镍镉电池或锂电池。可根据临建照明系统整体用电负荷数选用适合容量的蓄电池，蓄电池额定工作电压通常选 12 V，容量为日负荷消耗量的 6 倍左右，可根据项目具体使用情况组成电池组。

五、施工扬尘控制技术

（一）技术内容

施工扬尘控制技术包括施工现场道路、塔吊、脚手架等部位自动喷淋降尘和雾炮降尘技术，施工现场车辆自动冲洗技术。

（1）自动喷淋降尘系统由蓄水系统、自动控制系统、语音报警系统、变频水泵、主管、三通阀、支管、微雾喷头连接而成，主要安装在临时施工道路、脚手架上。塔吊自动喷淋降尘系统是指在塔吊安装完成后通过塔吊旋转臂安装的喷水设施，用于塔臂覆盖范围内的降尘、混凝土养护等。喷淋系统由加压泵、塔吊、喷淋主管、万向旋转接头、喷淋头、卡扣、扬尘监测设备、视频监控设备等组成。

（2）雾炮降尘系统主要有电机、高压风机、水平旋转装置、仰角控制装置、导流筒、雾化喷嘴、高压泵、储水箱等，其特点为风力强劲、射程高（远）、穿透性好，可以实现精量喷雾，雾粒细小，能快速将尘埃抑制降沉，工作效率高，速度快，覆盖面积大。

（3）施工现场车辆自动冲洗系统由供水系统、循环用水处理系统、冲洗系统、承重系统、自动控制系统组成，采用红外、位置传感器启动自动清洗及运行指示的智能化控制技术。水池采用四级沉淀、分离，处理水质，确保水循环使用；清洗系统由冲洗槽、两侧挡板、高压喷嘴装置、控制装置和沉淀循环水池组成；喷嘴沿多个方向布置，无死角。

（二）技术指标

扬尘控制指标应符合《建筑工程绿色施工规范》（GB/T 50905—2014）中的相关要求。

六、施工噪声控制技术

（一）技术内容

施工噪声控制技术指通过选用低噪声设备、先进施工工艺或采用隔声屏、隔声罩等措施有效降低施工现场噪声的控制技术。

（1）隔声屏是通过遮挡和吸声减少噪声的排放。隔声屏主要由基础、立柱和隔音屏板等三部分组成。基础可以单独设计也可在道路设计时一并设计在道路附属设施上；立柱可以通过预埋螺栓、植筋与焊接等方法，将其上的底法兰与基础连接牢靠；隔音屏板可以通过专用高强度弹簧与螺栓及角钢等固定于立柱槽口内，形成声屏障。隔声屏可模块化生产，装配式施工，选择多种色彩和造型进行组合、搭配，使其与周围环境协调。

（2）隔声罩是把噪声较大的机械设备（搅拌机、混凝土输送泵、电锯等）封闭起来，有效地阻隔噪声的外传。隔声罩外壳由一层不透气的具有一定重量和刚性的金属材料制成，一般用 2～3 mm 厚的钢板，铺上一层阻尼层，阻尼层常用沥青阻尼胶浸透的纤维织物或纤维材料，外壳也可以用木板或塑料板制作，轻型隔声结构可用铝板制作。要求高的隔声罩可做成双层壳，内层较外层薄一些；两层的间距一般是 6～10 mm，填以多孔吸声材料。罩的内侧附加吸声材料以吸收声音并减弱空腔内的噪声。需要注意的是：要减少罩内混响声和防止固体声的传递；尽可能减少在罩壁上开孔，如果必须开孔，则开口面积应尽量小；在罩壁构件相接处的缝隙，要采取密封措施，以减少漏声；罩内声源机器设备的散热可能导致罩内温度升高，对此应采取适当的通风散热措施。此外，还要考虑声源机器设备操作、维修方便的要求。

（3）应设置封闭的木工用房，以有效降低电锯加工时噪声对施工现场的影响。

（4）施工现场应优先选用低噪声的机械设备，优先选用能够减少或避免噪声的先进施工工艺。

（二）技术指标

施工现场噪声应符合《建筑施工场界环境噪声排放标准》（GB 12523—2011）的规定，昼间≤70 dB，夜间≤55 dB。

七、垃圾管道垂直运输技术

（一）技术内容

垃圾管道垂直运输技术是指在建筑物内部或外墙外部设置封闭的大直径管道，将楼层内的建筑垃圾沿着管道靠重力自由下落，通过减速门对垃圾进行减速，最后落入专用垃圾箱内进行处理。

垃圾运输管道主要由楼层垃圾入口、主管道、减速门、垃圾出口、专用垃圾箱、管道与结构连接件等构件组成，可以将该管道直接固定到施工建筑的梁、柱、墙体等主要构件上，安装灵活，可多次周转使用。

主管道采用圆筒式标准管道层，管道直径控制在500～1 000 mm范围内，每个标准层分上下两层，每层1.8 m，管道高度控制在1.8～3.6 m范围内，标准层上下两层之间用螺栓进行连接；楼层垃圾入口可根据管道与楼层的距离设置转动的挡板；管道入口内设置可以自由转动的挡板，防止粉尘从各层入口处飞出。

管道与墙体连接件设置半圆轨道，能在180°平面内自由调节，使管道上升后，连接件仍能与梁、柱等构件相连；减速门采用弹簧板，上覆橡胶垫，根据自锁原理设置弹簧板的初始角度为45°，每隔三层设置一处，来降低垃圾下落的速度；管道出口处设置一个带弹簧的挡板；垃圾出口处设置专用集装箱式垃圾箱进行垃圾回收，并设置防尘隔离棚；垃圾运输管道楼层垃圾入口、垃圾出口及专用垃圾箱设置自动喷洒降尘系统。

建筑碎料（凿除、抹灰等产生的旧混凝土、砂浆等矿物材料及施工垃圾）单件粒径尺寸不宜超过100 mm，重量不宜超过2 kg；木材、纸质、金属和其他塑料包装废料严禁通过垂直运输通道运输。

（二）技术指标

垃圾管道垂直运输技术应符合《建筑工程绿色施工规范》《建筑工程绿色施工评价标准》的要求。

八、透水混凝土与植生混凝土应用技术

（一）透水混凝土应用技术

1.技术内容

透水混凝土是由一系列相连通的孔隙和混凝土实体部分骨架构成的具有透气和透水性的多孔混凝土，主要由胶结材和粗骨料构成，有时会加入少量的细骨料。从内部结构来看，透水混凝土主要靠包裹在粗骨料表面的胶结材浆体将骨料颗粒胶结在一起，形成骨料颗粒之间为点接触的多孔结构。

透水混凝土路面的铺装施工整平一般使用液压振动整平辊和抹光机等，对不同的拌和物和工程铺装要求，应该选择适当的振动整平方式，并且施加合适的振动能，过振会降低孔隙率，施加振动能不足则可能导致颗粒黏结不牢固而影响到耐久性。

2.技术指标

透水混凝土拌和物的坍落度为 10～50 mm，透水混凝土的孔隙率一般为10%～50%，透水系数为 1～5 mm/s，抗压强度在 10～30 MPa；应用于路面不同的层面时，孔隙率要求不同，从面层到结构层再到透水基层，孔隙率依次增大；冻融的环境下其抗冻性不低于 D100。

（二）植生混凝土应用技术

1.技术内容

植生混凝土是以水泥为胶结材、大粒径的石子为骨料制备的能使植物根系生长于其孔隙的大孔混凝土，它与透水混凝土有相同的制备原理，但由于骨料的粒径更大，胶结材用量较少，所以形成孔隙率和孔径更大，便于灌入植物种子和肥料以及植物根系的生长。

植生混凝土的制备工艺与透水混凝土基本相同，但需要注意的是浆体黏度要合适，保证将骨料均匀包裹，不发生流浆离析或因干硬不能充分黏结的问题。

植生地坪的植生混凝土可以在现场直接铺设浇筑施工，也可以预制成多孔砌块后到现场用铺砌方法施工。

2.技术指标

一般植生混凝土的孔隙率为 25%～35%，绝大部分为贯通孔隙，抗压强度要在 10 MPa 以上。而屋面植生混凝土的孔隙率为 25%～40%，抗压强度应在 3.5 MPa 以上。

第六章　建筑施工质量控制

第一节　质量控制概述

质量控制是质量管理的一部分。质量控制是为使产品或服务达到质量要求而采取的技术措施和管理措施方面的活动。这些活动包括：确定控制对象，如一道工序、设计过程、制造过程等；规定控制标准，即详细说明控制对象应达到的质量要求；制定具体的控制方法，如工艺规程；明确所采用的检验方法、检验手段；实际进行检验；说明实际与标准之间存在差异的原因；为了解决差异而采取的行动；等等。质量控制贯穿质量形成的全过程、各环节，目的是排除这些环节的技术活动偏离有关规范的现象，使其恢复正常。

质量控制不是质量管理的全部，二者的区别在于概念不同、职能范围不同和作用不同。质量控制是在明确的质量目标条件下通过行动方案和资源配置的计划、实施、检查和监督来实现预期目标的过程。在质量控制的过程中，运用全过程质量管理的思想和动态控制的原理，可以将质量控制分为事前质量预控、事中质量监控和事后质量控制三部分。

一、事前质量预控

事前质量预控指在正式施工前进行的质量控制，其控制重点是做好施工准备工作，并且施工准备工作要贯穿施工全过程。

（一）技术准备

技术准备包括熟悉和审查项目的施工图纸，调查分析施工条件，工程项目设计交底，工程项目质量监督交底，重点、难点部位施工技术交底，编制项目施工组织设计等。

（二）物质准备

物质准备包括建筑材料准备，构配件、施工机具准备等。

（三）组织准备

组织准备包括：建立项目管理组织机构；建立以项目经理为核心、以技术负责人为主，专职质量检查员、工长、施工队班组长组成的质量管理、控制网络，对施工现场的质量管理职能进行合理分配；健全和落实各项管理制度，形成分工明确、责任清楚的执行机制；对施工队伍进行入场教育；等等。

（四）施工现场准备

施工现场准备包括：工程测量定位和标高基准点的控制；“五通一平”，即通上水、通下水、通电、通路、通信、平整土地；生产、生活临时设施等的准备；组织机具、材料进场；制定施工现场各项管理制度；等等。

二、事中质量监控

事中质量监控是指在施工过程中进行的质量控制。

（一）施工作业技术复核与计量管理

凡涉及施工作业技术活动基准和依据的技术工作，都应由专人负责复核性检查，复核结果报送监理工程师复验确认后，才能进行后续相关的施工，以避免基准失误给整个工程质量带来难以补救的或全局性的危害。

施工过程中的计量工作包括投料计量、检测计量等，其正确性与可靠性直接关系到工程质量的形成和客观的效果评价，必须严格控制计量程序、计量器具的使用操作。

（二）见证取样、送检工作的监控

见证取样指对工程项目使用的材料、半成品、构配件的现场取样，以及工序活动效果的检查进行见证。承包单位在对进场材料、试块、钢筋接头等进行见证取样前要通知监理工程师，在监理工程师的现场监督下完成取样过程，送往具有相应资质的试验室。试验室出具的报告应一式两份，分别由承包单位和项目监理机构保存，并作为归档材料，这是工序产品质量评定的重要依据。实行见证取样，不能代替承包单位在材料、构配件进场时必须进行的自检。

（三）工程变更的监控

由于种种原因，施工中会涉及工程变更，工程变更的要求可能来自建设单位、设计单位或施工承包单位，无论是哪一方提出工程变更或图纸修改，都应通过监理工程师审查并经有关方面研究，确认其必要性后，由监理工程师发布变更指令方能予以实施。

（四）隐蔽工程验收的监控

隐蔽工程验收是指将被其后续工程施工所隐藏的分项、分部工程，在隐蔽前所进行的检查验收。它是对一些已完分部、分项工程质量的最后一道检查。

由于检查对象就要被其他工程覆盖，会给以后的检查整改造成障碍，因此隐蔽工程验收是施工质量控制的重要环节。

通常，隐蔽工程施工完毕，承包单位按有关技术规程、规范、施工图纸先进行自检且合格后，填写《报验申请表》，并附上相应的隐蔽工程检查记录及有关材料证明、试验报告、复试报告等，报送项目监理机构。监理工程师收到报验申请并对质量证明资料进行审查认可后，在约定的时间与承包单位的专职质检员及相关施工人员一起进行现场验收。如果符合质量要求，则监理工程师在《报验申请表》及隐蔽工程检查记录上签字确认，准予承包单位隐蔽，进入下一道工序施工；如果经现场检查发现不符合质量要求，则监理工程师指令承包单位整改，整改后自检合格再报监理工程师复查。

（五）其他措施

批量施工先行样板示范、现场施工技术质量例会、质量控制小组活动等，也是长期施工管理实践过程中形成的质量控制途径。

三、事后质量控制

事后质量控制指在完成施工过程后进行的产品质量控制，其具体工作内容包括成品保护、不合格品的处理以及施工质量检查验收。

（一）成品保护

在施工过程中，当有些分项、分部工程已经完成，而其他部位尚在施工时，如果不对成品进行保护就会造成其损伤、污染而影响质量。因此，承包单位必须负责对成品采取妥善措施予以保护。对成品进行保护的最有效手段是合理安排施工顺序，通过合理安排不同工作间的施工顺序以防止后道工序损坏或污染已完施工的成品。

（二）不合格品的处理

上道工序不合格，不准进入下道工序施工。不合格的材料、构配件、半成品不准进入施工现场且不允许使用；已经进场的不合格品应及时做出标识并记录，指定专人看管，避免用错，并限期清除出现场；不合格的工序或工程产品，不予计价。

（三）施工质量检查验收

按照施工质量验收统一标准规定的质量验收划分，从施工作业工序开始，通过多层次的设防把关，依次做好检验批、分项工程、分部工程及单位工程的施工质量验收。

第二节　施工项目质量控制的方法

施工项目质量控制的方法，主要包括审核有关技术文件、报告或报表，进行现场质量检验、质量控制统计等。

一、审核有关技术文件、报告或报表

对技术文件、报告、报表的审核，是项目经理对工程质量进行全面控制的重要手段，其具体内容包括：①审核有关技术资质证明文件；②审核开工报告，并经现场核实；③审核施工方案、施工组织设计和技术措施；④审核

有关材料、半成品的质量检验报告；⑤审核反映工序质量动态的统计资料或控制图表；⑥审核设计变更、修改图纸和技术核定书；⑦审核有关质量问题的处理报告；⑧审核有关应用新工艺、新材料、新技术、新结构的技术鉴定书；⑨审核有关工序交接检查记录，分项、分部工程质量检查报告；⑩审核并签署现场有关技术签证、文件等。

二、进行现场质量检验

（一）现场质量检验的内容

（1）开工前检查。目的是检查是否具备开工条件，开工后能否连续正常施工，能否保证工程质量。

（2）工序交接检查。对于重要的工序或对工程质量有重大影响的工序，在自检、互检的基础上，还要组织专职人员进行工序交接检查。

（3）隐蔽工程检查。凡是隐蔽工程均应检查认证后方能掩盖。

（4）停工后复工前的检查。因处理质量问题或某种原因停工后需复工时，也应经检查认可后方能复工。

（5）分项、分部工程的检查。完工后，应经检查认可，签署验收记录后，才能进行下一工程项目施工。

（6）成品保护检查。检查成品有无保护措施，或保护措施是否可靠。

（7）施工操作质量检查。负责质量工作的领导和工作人员还应深入现场，对施工操作质量进行巡视检查；必要时，还应进行跟班或追踪检查。

（二）现场质量检验的作用

质量检验就是根据一定的质量标准，借助一定的检测手段来评价工程产品、材料或设备等的性能特征或质量状况的工作。

要保证和提高施工质量，质量检验是必不可少的手段。具体而言，质量检验的主要作用如下：①它是质量保证与质量控制的重要手段。为了保证工程质量，在质量控制中，需要将工程产品或材料、半成品等的实际质量状况（质量特性等）与规定的某一标准进行比较，以便判断其质量状况是否符合要求，这就需要通过质量检验手段来检测实际情况。②质量检验为质量分析与质量控制提供了所需依据的有关技术数据和信息，因此它是质量分析、质量控制与质量保证的基础。③通过对进场和使用的材料、半成品、构配件及其他器材、物资进行全面的质量检验工作，可避免因材料、物资的质量问题而导致工程质量事故的发生。④在施工过程中，通过对施工工序的检验取得数据，可及时判断质量，以便及时采取措施，防止质量问题的延续与积累。

（三）现场质量检查的方法

现场进行质量检查的方法有目测法、实测法和试验法。

1.目测法

目测法的具体手段可归纳为“看、摸、敲、照”。

第一，看就是根据质量标准进行外观目测。例如：装饰工程墙、地砖铺的四角对缝是否垂直一致，砖缝宽度是否一致；清水墙面是否洁净，喷涂是否密实，颜色是否均匀；内墙抹灰大面及口角是否平直，地面是否光洁平整；施工顺序是否合理，工人操作是否正确；等等。这些均需要通过目测进行检查、评价。

第二，摸就是手感检查，主要用于装饰工程的某些检查项目，如水刷石、干黏石黏结牢固程度，油漆的光滑度，浆活是否掉粉，地面有无起砂等，均可通过“摸”加以鉴别。

第三，敲就是运用工具进行声感检查。对地面工程、装饰工程中的水磨石、面砖、锦砖和大理石贴面等，均应进行敲击检查，通过声音的虚实确定有无空鼓，还可根据声音的清脆与沉闷，判定属于面层空鼓还是底层空鼓。此外，用手敲玻璃，如果发出颤动声响，则一般是底灰不满或压条不实。

第四，对于难以看到或光线较暗的部位，可采用镜子反射或灯光照射的方法进行检查，即“照”。

2.实测法

实测法是通过实测数据与施工规范及质量标准所规定的允许偏差对照，来判别质量是否合格。实测法的手段，可归纳为“靠、吊、量、套”。

第一，靠是用直尺、塞尺检查墙面、地面、屋面的平整度。

第二，吊是用托线板以线坠吊线检查垂直度。

第三，量是用测量工具和计量仪表等检查断面尺寸、轴线、标高、湿度、温度等的偏差。

第四，套是指以方尺套方，辅以塞尺检查，如对阴阳角的方正、踢脚线的垂直度、预制构件的方正等项目的检查。对门窗口及构配件的对角线（窜角）的检查，也是套方的特殊手段。

3.试验法

试验法是指必须通过试验手段才能对质量进行判断的检查方法，如：对桩或地基进行静载试验，确定其承载力；对钢结构进行稳定性试验，确定是否产生失稳现象；对钢筋对焊接头进行拉力试验，检验焊接的质量；等等。

三、质量控制统计法

（一）排列图法

排列图法又称主次因素分析法，是找出影响工程质量因素的一种有效方法。

排列图的作法如下：①确定调查对象、调查范围、内容和提取数据的方法，收集一批数据（如废品率、不合格率、规格数量等）；②整理数据，按问题或原因的频数（或点数）从大到小排列，并计算其发生的频率和累计频率；③作排列图。

通常把累计频率百分数分为三类：0%～80%为A类，是主要因素；80%～90%为B类，是次要因素；90%～100%为C类，是一般因素。需要注意的是：主要因素最好是1～2个，最多不超过3个，否则就失去了找主要矛盾的意义；注意分层，从几个不同层面进行排列。

（二）因果分析图法

因果分析图也称特性要因图，是用来表示因果关系的。其中，特性指生产中出现的质量问题，要因指对质量问题有影响的因素或原因。采用此方法时，应分析对质量问题特性有影响的重要因素，并对其进行分类。然后通过整理归纳，查找原因，以便采取措施，解决质量问题。

原因一般可从人员、材料、机械设备、工艺方法和环境等方面来找。

因果分析图作法如下：①确定需要分析的质量特性，画出带箭头的主干线；②分析造成质量问题的各种原因，逐层分析，由大到小，追查原因中的原因，直到可以针对原因采取具体措施解决为止；③按原因大小以枝线逐层标记于图上；④找出关键原因，并标注在图上。

（三）直方图法

直方图法又称频数分布直方图法，它是将收集到的质量数据进行分组整理，绘制成频数分布直方图，用以描述质量分布状态的一种方法。因此，直方图又称质量分布图。

产品质量受各种因素的影响，必然会出现波动。即使用同一批材料、同一台设备，由同一操作者采用相同工艺生产出来的产品，质量也不会完全一致。

但是，产品质量的波动有一定的范围和规律，质量分布就是指质量波动的范围和规律。

产品质量的状态是用指标数据来反映的，质量的波动表现为数据的波动。直方图法就是通过频数分布分析、研究数据的集中程度和波动范围的一种统计方法，是把收集到的产品质量的特征数据，按大小顺序加以整理，进行适当分组，计算每一组中数据的个数（频数），根据这些数据在坐标纸上画出矩形图，横坐标为样本的取值范围，纵坐标为频数，以此来分析质量分布的状态。

（四）控制图法

控制图法又称管理图法，是分析和控制质量分布动态的一种方法。产品的生产过程是连续不断的，因此应对产品质量的形成过程进行动态监控。控制图法就是一种对质量分布进行动态控制的方法。

1.控制图的原理

控制图是依据正态分布原理，合理控制质量特征数据的范围和规律，对质量分布动态进行监控的。

2.控制图的作法

绘制控制图的关键是确定中心线和控制上下界限。但控制图有多种类型，如平均值控制图、标准偏差控制图、极差控制图、平均值-极差控制图、不合格率控制图等，每一种控制图的中心线和上下界限的确定方法都不一样。为了应用方便，人们编制出各种控制图的参数计算公式，在使用时只需查表经简单计算即可。

3.控制图的分析

第一，数据分布范围分析：数据分布应在控制上下界限以内，凡跳出控制界限的，说明波动过大。

第二，数据分布规律分析：数据分布就是正态分布。

（五）相关图法

相关图又称散布图。在质量控制中它是用来显示两种质量数据之间关系的一种图形。

相关图的原理及作法：将两种需要确定关系的质量数据用点标注在坐标图上，从而根据点的散布情况判别两种数据之间的关系，以便进一步弄清影响质量特征的主要因素。

（六）分层法和统计调查表法

1.分层法

分层法又称分类法，是将调查收集的原始数据，根据不同的目的和要求，按某一性质进行分组、整理的分析方法。分层的结果使数据各层间的差异突出地显示出来，层内的数据差异减少。在此基础上再进行层间、层内的比较分析，可以更深入地发现和认识质量问题。由于产品质量是多方面因素共同作用的结果，因而对同一批数据，可以按不同性质分层，使我们能从不同角度来考虑、分析产品存在的质量问题和影响因素。常用的分层标志有：①按操作班组或操作者分层；②按使用机械设备型号分层；③按操作方法分层；④按原材料供应单位、供应时间或等级分层；⑤按施工时间分层；⑥按检查手段、工作环境等分层。

分层法是质量控制统计法中最基本的一种方法，其他统计法，如排列图法、直方图法、控制图法、相关图法等，一般都要与分层法配合使用，通常是先利用分层法将原始数据分类，再进行统计分析。

2.统计调查表法

统计调查表法又称统计调查分析法，它是利用专门设计的统计表对质量数据进行收集、整理和粗略分析质量状态的一种方法。

在质量控制活动中，利用统计调查表收集数据，简便灵活，便于整理，实用有效。它没有固定格式，可根据需要和具体情况，设计出不同的统计调查表。常用的统计调查表有：①分项工程作业质量分布调查表；②不合格项目调查表；③不合格原因调查表；④施工质量检查评定调查表。

第三节　施工项目质量控制案例

本节主要以LD建设工程为研究对象，对其现有质量控制方案的改进进行深入的研究。LD建设工程位于FS新城核心区域，紧邻20万平方米的湿地公园，由LD集团倾力打造，总规划用地60公顷，建筑面积数百万平方米。

一、LD建设工程施工质量控制问题分析

（一）施工质量控制方案和要求笼统

LD建设工程致力于追求“质量零缺陷，满意百分百”，遵循“第一次把质量做好，内在和外观一样重要”的管理理念，通过“强化体系、技术先行、严格苛求、标杆创优”的方法不断提高施工质量。

LD建设工程针对施工质量控制方案提出的施工质量控制要求主要包括事前、事中以及事后控制三方面。

（1）事前控制。要求包括：仔细阅读LD建设工程施工图纸及有关合同、变更通知，参加图纸会审和设计交底，开工前对LD建设工程的建筑物结构形式、特点等有比较透彻的了解，能够预知LD建设工程施工中的控制要点及难点；确定原材料进场复试及过程检验项目和内容，设置见证点，明确监理人员

需要检查、验收的具体内容和操作方式，将监理要求以书面监理交底的方式下达给施工单位；审核承包商提交的施工组织设计及施工方案，遇有不合理之处应要求承包商及时改正；审核承包商在LD建设工程中准备使用的测量仪器；审查分包单位的资质情况；审查承包商人员的岗位资质就位状况。

（2）事中控制。要求包括：对所有进场的用于LD建设工程施工的原材料进行抽样见证检测，不合格的材料必须清退出场；在施工过程中监督进行工作面上的取样送检工作，包括混凝土的试块留置、钢筋接头的取样等；对隐蔽过程进行工序最终隐蔽检查，并在施工过程中加强巡检工作；对重点工序，如混凝土浇筑、防水施工等进行旁站监督检查，随时处理可能遇到的问题，并及时向总监理工程师汇报；复核承包商已经测设完成并自检合格的控制轴线及控制水准点；对LD建设工程施工中遇到的图纸与实际不符的现象，及时采取处理措施，无法确定时，应及时向总监理工程师反映，并通过总监理工程师向有关单位寻求解决办法；在巡检或隐蔽检查中发现的质量通病及其他施工注意事项，在监理例会上通报并提出改进措施，要求施工单位具体落实；加强现场计量工作，尽量避免费用、工期索赔的出现；审签承包商的过程资料；将实际进度与计划进度进行比较，当有偏差时，找出原因，督促承包商采取得力措施改进。

（3）事后控制。要求包括：对LD建设工程检验及分项工程进行质量评定；对LD建设工程施工监督过程中的经验和教训进行总结，以期在今后工序施工或工程施工中扬长避短；整理过程资料，为业主及有关方面提供资料证明；对工序工程量进行计量。

通过对事前控制、事中控制以及事后控制的要求分析可知，上述LD建设工程施工控制较为笼统，其属于大而全的控制方案，并没有结合LD建设工程的关键工序、工艺技术、专业人才、项目自身的特有因素有针对性地制定。因此，就此控制方案表现上而言，其符合质量控制理论的相关要求，但是从实际的实施角度而言，此方案根本无法落地，无法结合实际问题对LD建设工程的质量进行全方位的控制，更无法结合可能出现的问题以及潜在问题提出各类预案。

（二）质量控制部门人员不专业

LD 建设工程的质量控制部门，是从公司级的质控部临时抽调若干名人员组建的。在 LD 建设工程施工期间，这一临时组建的部门未得到有针对性的培训，因而其质量控制人员的专业度不够、标准与规范程度不高，同时也并没有对 LD 建设工程施工进行全面的跟踪与控制，所以此组织结构对于 LD 建设工程施工的质量管理与控制基本处于滞后的状态，发现质量问题后再进行处理与弥补则为时已晚。

加之，很多施工人员认为此质量控制部门属于“鸡肋部门”，只会“鸡蛋里挑骨头”，而没有提出更有建设性的质量控制意见。该 LD 建设工程的质量控制部门的员工也未有明确的岗位职责，导致质量控制部门形同虚设。

（三）特定施工作业面无保护措施

对于 LD 建设工程施工作业面的保护包括基坑周边防护、电气作业防护、消防防护、特殊大型机械设备作业防护、交叉作业的防护、高处作业防护等措施。但是通过实际的调研得知，大多数的作业基本在“裸防护”状态下进行。施工人员不仅对个人的保护措施不关注，同时也往往忽视高危作业以及特殊作业应进行的保护措施。

（四）地下工程交接带工序设计未能因地制宜

LD 建设工程地下工程的因地制宜非常重要，其需要结合北方的实际地质因素、地表因素施工，应遵循“防、排、截、堵相结合，刚柔相济，因地制宜，综合治理”的原则。在地下工程的工序设计过程中，要充分考虑地下水的有害作用，如毛细作用、渗透作用、侵蚀作用，而且需要根据不同的有害作用采取有效的技术措施以防止遭到地下水的侵蚀和损坏。然而通过对 LD 建设工程的地下工程问题调研得知，LD 建设工程的地下工程裂缝、渗漏的发生率较高。

二、LD 建设工程施工质量控制改进方案设计

（一）项目施工质量控制方案改进的目标及原则

1.改进目标

通过“强化质量控制体系、控制技术先行、严格苛求、标杆创优”的方法，要求 LD 建设工程施工控制方案改进的总目标为“一次合格率达 98%以上”，可持续化地提高质量控制改进的效果。

除总目标之外，还要制定合理的分目标，如对于施工环境质量控制的改进，需要要求其以节能降耗、低碳为目标，在重视项目因地制宜的同时，还需要保证实现项目施工的作业环境、周边施工环境以及污染控制的质量目标。对于 LD 建设工程的施工工序、工法质量控制改进的目标而言，则希望将“事后控制”转为“事前控制”，从而使得质量控制具有防患于未然的效果。同时还需要结合分项工程的特点以及工艺要求，制订有针对性的质量控制方案，从而由“点”到“面”地来提升 LD 建设工程施工的质量水平以及质量控制水平。

2.改进原则

此施工质量控制方案的改进原则主要分为以下几项：

第一，在施工质量控制改进的过程中，各类方法、方案、规范的提出都要严格遵循国家施工及验收标准，建筑工程质量评估标准等，要以“合同制”“目标责任制”来强化质量控制目标。

第二，在重视LD建设工程施工全过程的质量控制的同时，还需要结合分项工程的施工特点，提出以“预防、防控”为重点的质量控制措施。

第三，重视LD建设工程的组织人员、设备与物料、工序工程、环境要素的质量控制，并提出可执行、有效的治理控制方案。

第四，在LD建设工程施工质量控制改进中，重点关注试验制度以及关键点测量制度，可以为项目施工的质量控制提供科学的数据依据。

第五，不以“污染环境”为代价进行施工，要实时贯彻“绿色低碳、节能降耗”的控制原则。

第六，对于工序、工法的质量控制要坚持持续改进原则，同时对于不合格、不达标的工序坚决不予验收，不允许进入下一道工序。

（二）项目人员方面的改进

只有有组织保证才可以顺利地实施质量控制方案，保证LD建设工程施工的顺利进行。

对于LD建设工程施工而言，人员是施工的第一质量控制要素，如果没有对施工人员进行合理化的质量管理，没有对其施工技术水平提出要求，那么LD建设工程施工质量根本无从谈起。相反，高水平的施工人员可以最大限度地保证LD建设工程的整体质量。

1.质量管控组成员

该小组成员负责LD建设工程整体质量监督、控制，现场施工质量监督、管理，需要具备丰富的质量管理、质量控制方面的专业知识，并且具有较为丰富的项目经验。同时，该小组成员还要根据LD建设工程合同要求、特点、质量要求制定全面的项目质量控制文件、指导文件，从施工设计、施工方案、施工方法、施工工序措施上做好质量的事前控制，并协助监理人员、项目管理人员对阶段性工程进行事中控制，协助质量验收人员做好事后控制。

2.试验室成员

试验室成员要具备较高的专业化水平，需要根据国家建筑项目试验规范为LD建设工程中各个子工程做好试验，并为施工人员提供准确的试验结果与详细的试验报告，从而保证LD建设工程的质量。

3.测量组成员

测量组成员自身需要具备较高的工程测量、工程管理专业水平，并按照LD建设工程的要求，负责LD建设工程开工前的测量、施工中的测量，此测量的精度、控制点数据的选取要严格按照国家工程测绘规范以及LD建设工程指标的要求进行。

人员的质量控制是指不仅要为LD建设工程施工选择符合要求的专业性人才，同时还需要为施工人员提供合理的项目培训以及质量控制培训，加深施工人员对质量控制的理解。同时合理的培训与职能安排、激励会降低人才的流失率，也会逐渐为LD建设工程储备更加优秀的施工专业人才。

（三）施工环境方面的改进

1.建立施工环境保障小组

在安全组下面可以新增施工环境保障小组，此小组根据LD建设工程的地理位置、项目施工特点，坚持全过程、全方位的环境质量管理与控制，对项目施工环境中的噪声、粉尘、废水等进行控制，从而保证项目周边环境在可控的状态中。

2.提升项目参与者的环境保护意识

现阶段我国非常关注施工建设环境的环保问题以及低碳、降耗问题。因此，提升项目参与者的环境保护意识，同时将环保与文明施工相结合，坚持“文明施工，保护环境；环保先行，造福后代”的宗旨，是十分必要的。

（四）施工工序、工法方面的改进

LD 建设工程施工质量依靠的是在施工中对各个工序、工法的执行与质量控制，而不是 LD 建设工程最终的质量验收情况把关。

1.工序、工法质量控制的步骤

工序、工法的质量控制属于一个多领域融合的概念，其需要按照项目管理理论，同时融合数学统计方法对某个工序、工法进行检验评估，并根据具体的评估结果来判断工序、工法的质量是否满足项目要求，是否稳定与正常。如果通过检验发现现有的工序、工法存在异常情况，则需要针对异常情况进行追因处理，从而找出导致异常的根源，并对工序、工法进行改进，保证其满足质量控制的要求。

工序、工法质量控制的具体步骤如下：

首先，进行实际测量，要使用专业、精密的测量仪器对工序进行质量检测。

其次，对检测的结果值进行分析处理，可以借助图形法进行分析，如通过直方图法、排列图法可以清晰地获知工序的数据规律。

最后，针对图形化的数据规律进行判断处理，从而判断出其是否符合正态分布曲线，其差异值是否在可允许的范围内，是否存在异常情况等。如果存在异常情况，则需要就异常或者引发质量问题的原因进行分析与处理，从而针对改进后的工序、工法二次判断其是否满足质量标准。若仍存在异常情况，则需要联合多方进行追因处理，并制定出科学、合理、可落地的措施，进而达到工序、工法质量控制的目的。

2.工序、工法质量控制的内容

工序、工法质量控制的内容大致包括对工序、工法的规程提出质量要求，根据工序、工法的难点、关键点设置质量控制点等。

在此就工序、工法的质量控制点的设置进行论述，其需要对工程的特点进行详细的分析，同时就工序对工程质量的影响程度进行分析。具体的设置流程为：首先对工序对象进行全面、系统的分析；然后确认控制点的设置是否合理；最后对控制点可能引发的质量问题及导致质量问题出现的原因进行深入分析，并提出合理的预防措施。由此得知，工序、工法的质量控制实际也是对工程的预防处理。工序、工法的质量控制点可以设置在任何地方，设置的依据就是控制点对项目质量的影响程度。

例如人的行为控制点，可以根据某道工序对人员操作的重要程度增加，因而可将施工人员的行为设置为质量控制点，从而避免由施工行为（如高空作业行为、危险作业行为、水下作业行为、多机抬吊行为，以及精密度要求较高的检测行为等）不当导致各类质量问题的发生。

物的状态在工序、工法的质量控制中也是极为重要的。因为通过对大量案例调研得知，对质量影响最大的关键点就是人的不安全行为以及物的不安全行为。因此，可以根据物的状态对工序质量的影响程序来设置其质量控制点。如可以将物料的参数、性能作为质量控制点，也可以将物料的张拉程度作为质量控制点，还可以将减少混凝土弹性压缩作为质量控制点。

工序、工法的施工顺序也可以作为质量控制点。在实际的施工中，工序、工法的施工顺序不同，其最终的结果很可能也是不同的，因而可以根据顺序对质量的影响程度来设置其质量控制点，如冷拉钢筋要先对焊后冷拉，反之则失去冷强。

技术间歇时间也可作为工序、工法的质量控制点。因为某些特殊的工序衔接对中间的技术间歇时间的精准度要求非常高，如果技术间歇时间出现控制异常，那么将直接影响到工序、工法的质量。

新工艺、新技术、新材料对工序、工法质量的影响情况，也可以作为质量控制点来设置。新工艺、新技术、新材料对施工人员的技术水平要求较高，这就需要对工序、工法进行严格的控制。

同时在施工中，还需要对所有工序、工法的质量问题进行汇总，并对质量问题的汇总结果进行详细的分析，从而将质量问题的高发点作为质量控制点。

（五）分项工程工艺选择方面的改进

施工工艺的优化选择是指实施性施工组织设计编制和实施过程中，为降低工程项目建设成本，需要选择最佳的工艺。工艺需要依据 LD 建设工程的特点、技术要求、施工人员水平、物料、方法、施工环境等的要求选定。

施工工艺优化选择应遵循以下基本原则：①结合实际，切实可行。优化施工工艺必须从实际出发，根据企业现有条件，在深入细致做好调查研究的基础上，对施工工艺进行反复比较、优化，保证切实可行。②技术领先，经济合理。在满足安全、质量、进度等条件的同时，要充分利用现有机械设备和先进经验、专业技术来提升施工阶段的机械化水平，提升施工人员的劳动条件，进而提升施工的总体效率，确保先进工艺的顺利实施。③安全可靠，满足工期。安全、质量、进度是研究制定施工工艺的前提，在优化施工工艺时要统筹全局考虑，并为工艺制定相应的保障措施，从而可确保工艺按照技术要求、规范实施，并确保 LD 建设工程的质量与进度。在分项工程工艺选择期间要进行充分的工艺论证，根据分项工程的特点选取最佳的工艺方案。在优化分项工程施工工艺时，要综合衡量，同时还需要评估工艺的市场趋势，综合专家的意见，从而得出较为客观的评价结果。

（六）待施工的分项工程质量验收流程的改进

原则上竣工备案应在物业交付入住之日前一个月完成，LD 集团与 LD 建设工程施工单位共同进行质量验收。各小组验收完成后应形成竣工验收结论意见，一次分户验收通过率必须达到 95%以上，存在问题的应通知监理和施工单位，限期整改，并确定复验时间。最终应整理成会议纪要，并由参加单位签字。

具体的验收流程如下：

第一，召开竣工验收准备会。此会议需要由工程总监部门全权负责，并需要工程监理部门提前一个月确定此准备会的所有事项。在准备会前需要制订全面、完善的验收计划，然后组织验收小组按照此验收计划对 LD 建设工程进行全面的审查，并得出详细的审查报告。此验收小组需要由项目总监指挥，其小组成员由监理小组、施工小组、设计小组、质量控制小组各抽取若干名成员组成，特殊情况下可邀请一些领域内的专家或技术工程师参与。

第二，明确 LD 建设工程竣工验收应具备的条件。首先要准备准确的设计施工图，然后根据此施工图对 LD 建设工程的总质量、各分项工程的质量进行验收。在验收前，需要保证各个分项工程的自检、交叉检、阶段性检查是合格的。在验收中，要根据设计施工图以及必备的检验材料，对 LD 建设工程的各个分项以及质量控制点进行检验、试验。如果上述检验与试验均合格，则需要出具合格证明，同时还需要将 LD 建设工程相关文件以及此阶段的验收文件一同提交给政府建筑单位。如果个别分项工程暂时不具备验收条件，但为了保证 LD 建设工程的工期仍需要验收时，则要求同 LD 建设工程所在地的监管部门商议，并要求在一定的限定条件下完成 LD 建设工程的验收。

第三，竣工资料审查。此阶段需要监理单位与质量控制部门共同参与，需要对竣工的项目技术以及所有工程材料的准确性进行验收。具体内容如下：对 LD 建设工程承担单位出具的项目竣工报告文档进行验收；对 LD 建设工程的所有施工设计图文件进行验收；对各个分项工程的工艺、技术、工序、工法资料进行验收；对 LD 建设工程核心工序的构件合格证书、试验报告进行验收；对特殊工序进行抽样验收；对各个分项工程进行交叉验收，并详细记录具体的验收结果；对工程所有的质量问题、事故、隐患进行二次验收；对其他政府类文件进行验收。

第四，工程实物现场检查与验收。此现场验收需要由监理单位与质量控制小组人员共同完成，其需要针对 LD 建设工程的实物现场状况进行直观的验收检查，对各个项目关键点进行实测验收，然后根据验收的结果列出 LD 建设工程问题整改清单以及问题的处理限制周期。待问题整改后，则可正式填报《竣工验收申请报告》，由监理单位与质量控制小组进行二次验收，判断关键工序的试验结果以及最终的试验结果是否达标，如 LD 建设工程的蓄水处理试验、排水管道灌水试验、接地电阻测试等。如果在整改后，项目问题均已解决，则可形成最初的验收报告，然后上报监理部门，待监理部门认可后方可送交至业主。

第五，召开项目正式竣工验收会议。正式竣工验收会议需要在 LD 建设工程所在地的政府主管部门的监管下组织进行，由政府建筑部门主管单位、生态环境局以及 LD 建设工程的监理单位、设计单位和施工单位等参与。LD 建设工程的承建单位汇报建设工程的整体质量，分项工程的质量，施工概况，自检、交叉检概况；监理单位汇报竣工验收结果。在此会议中，还需要项目设计人员、施工人员、质量控制人员参与，并就工程竣工报告提出各类结论意见。如果不同意此验收结果，则需要监理部门与施工单位共同商议，并提出整改报告、整改周期。如果同意此验收结果，则需要正式签署竣工验收合格证书。整个正式竣工验收会议需要全程记录，整理的会议纪要应由参与单位签字并与项目资料一同进行存档。

第七章　建筑施工安全管理

第一节　施工现场安全管理

建筑业的生产活动危险性大，不安全因素多，是事故多发行业，每年因工死亡人数仅次于采矿业，居全国各行业的第二位。这主要是由建筑行业的特点所决定的：建筑产品固定、庞大且变化大、规则性差；建筑施工露天、高空和地下作业多，受自然和周围环境影响大，工作条件较差；手工操作、劳动繁重，体力消耗大；机电和工人交叉作业较多，安全防护难度较大；部分建筑工人专业技术水平不高；生产流动分散、工期不固定，部分建筑工人易产生临时观念，马虎凑合，不采取可靠的安全防护措施，存在侥幸心理；等等。上述各因素，都使建筑施工安全管理工作的形势变得十分复杂和严峻。

一、施工现场伤亡事故的主要类别

（一）高处坠落

操作者在高度基准面 2 m 以上的作业，称为高处作业，其在高处作业时造成的坠落称为高处坠落。在建筑物或构筑物结构范围以内的各种形式的洞口与临边性质的作业，悬空与攀登作业，操作平台与立体交叉作业，在主体结构以外的场地上和通道旁的各类洞、坑、沟、槽等的作业，脚手架、井字架（龙门架）、施工用电梯、模板的安装拆除，各种起重吊装作业等，都易发生高处坠落事故。

（二）物体打击

在施工过程中，施工现场经常会有很多物体从上面落下来，打到下面或旁边的作业人员，即发生物体打击事故。凡是在施工现场作业的人，都有受到打击的可能，特别是在一个垂直面的上下交叉作业，最易发生打击事故。

（三）触电事故

电是施工现场中各种作业的主要动力来源，各种机械、工具等主要依靠电来驱动，即使不使用机械设备，也要使用电来照明。触电事故主要是设备、机械、工具等漏电，电线老化破皮，违章使用电气用具，对在施工现场周围的外电线路不采取保护措施等造成的。

（四）机械伤害

施工现场使用的机械工具包括：木工机械，如电平刨、圆盘锯等；钢筋加工机械，如调直机、弯曲机等；电焊机、搅拌机、各种气瓶及手持电动工具等。以上各种机械工具在使用中，因缺少防护和保险装置，易对操作者造成伤害。

（五）坍塌事故

坍塌事故主要包括：在土方开挖或深基础施工中，造成的土石方坍塌；拆除工程、在建工程及临时设施等的部分或整体坍塌。

（六）火灾、爆炸

施工现场乱扔烟头、焊接与切割动火及用火、用电、使用易燃易爆材料等，可能会造成火灾、爆炸事故。

二、施工现场的安全管理工作

（一）施工准备阶段安全管理的主要工作

第一，施工区域内有地下电缆、水管或防空洞等时，项目部要指令专人进行妥善处理。

第二，施工现场如邻近居民住宅或交通街道，要充分考虑施工扰民、妨碍交通、发生事故的各种可能因素，以确保人员安全。

第三，对项目的全体管理人员要进行必要的教育，让大家了解工程状况、环境和安全要求，要拟定施工平面图，严格按平面布置安排各种设备和设施。

第四，要认真审核施工单位和人员的资质，并在上岗前进行安全教育。

第五，修筑好临时道路、供电和供水设施等。

（二）基础施工阶段安全管理的主要工作

基础施工阶段的安全管理主要是防范土方坍塌和深坑井内窒息中毒两类事故，应注意以下几类问题：

第一，在开挖土方时，要严格遵照施工方案作业。

第二，在雨季或地下水位较高的区域施工时，要采取排水、挡水和降水措施。

第三，根据土质条件，合理确定围护形式、放坡比例。

第四，深基础施工，要考虑作业人员的工作环境，如通风是否良好。当基础较深，作业人员工作位置距基坑表面 2 m 以上时，要采取预防高处坠落、物体打击的措施，基坑四周应设护栏、平支安全网等设施。

（三）结构施工阶段安全管理的主要工作

第一，完善结构施工层的外防护，预防高处坠落事故。

第二，做好结构内各种洞口的防护，防止落人落物。

第三，加强起重作业的管理，预防机械伤害事故。

第四，做好预防坠落物伤人的安全管理工作。

第五，对于一些特殊结构工程，要制订合理的施工方案，采取安全措施，并且要指定专业技术人员进行现场监护。

（四）装修阶段安全管理的主要工作

第一，外装修工作是危险性较大的工作，常用的装修设施有外装修脚手架、外吊篮架、桥式脚手架等。不论使用何种脚手架，均应认真审核施工方案，组织有关人员严格验收所用的架体设施，督促作业人员必须系好安全带、使用保险绳，并加强日常安全检查，及时排除施工中出现的各种险情。

第二，内装修时应注意室内各种水平洞口和立体洞口的防护是否齐全；室内使用的单梯、双梯、高凳等工具是否符合安全技术规定；内装修的脚手架是否符合安全技术标准，特别是搭设满堂装修架子时，要严格按标准铺板；进行涂料作业时，要做好通风和防毒作业保护工作。

（五）制定施工现场安全生产事故应急救援预案

应对施工现场各个施工阶段中易发生重大事故的部位、环节进行监控，制定施工现场安全生产事故应急救援预案，建立应急救援组织或配备应急救援人员及必要的应急救援器材、设备，并定期组织演练，评估和完善事故应急救援预案。

第二节　施工机械、防火与临时用电安全管理

一、施工机械安全管理概述

（一）施工机械的安装与验收

施工企业技术部门应在工程项目开工前编制包括主要施工机械安装防护技术的安全技术措施，并报工程项目监理单位审查批准。施工企业应认真贯彻执行经审查批准的安全技术措施。施工项目总承包单位应对分包单位、机械租赁方执行安全技术措施的情况进行监督。施工企业对进入施工现场的机械的安全装置和操作人员的资质进行审验，不合格的机械和不具备资质的人员不得进入施工现场。大型机械塔吊等设备安装前，施工企业应根据设备租赁方提供的参数进行安装架设设计，经验收合格的机械可由资质等级合格的设备安装单位组织安装。设备安装单位完成安装后，报请当地行政主管部门验收，验收合格后方可办理移交手续，严格执行先验收、后使用的规定。中小型机械由分包单位组织安装后，由施工企业机械管理部门组织验收，验收合格后方可使用。所有机械验收资料均由机械管理部门统一保存，并交安全管理部门备案。

（二）施工机械的组织管理与定期检查

施工企业应根据机械使用规模设置机械管理部门。机械管理人员应具备一定的专业管理能力，并掌握机械安全使用的有关规定与标准。机械操作人员应经过专门的技术培训，并按规定取得安全操作证后，方可上岗作业；学员或未取得操作证的操作人员，必须在持有操作证人员的监护下方可上岗。机械管理

部门应根据有关安全规程、标准制定项目机械安全管理制度并组织实施。施工企业的机械管理部门应对现场机械组织定期检查，发现违章操作行为时应立即纠正；对查出的隐患，要落实责任，限期改正。施工企业机械管理部门负责组织、落实上级管理部门和政府执法检查时下达的隐患整改指令。

二、主要施工机械安全管理

（一）起重吊装机械

起重吊装的指挥人员作业时应与操作人员密切配合，操作人员应按照指挥人员的信号进行作业，当信号不清或错误时，操作人员可拒绝执行。操纵室远离地面的起重机，在正常指挥发生困难时，地面及作业层（高空）的指挥人员均应采用对讲机等有效的通信联络工具进行指挥。

起重机的各种指示器、限制器以及各种行程限位开关等安全保护装置，应齐全完好、灵敏可靠，不得随意调整或拆除，严禁利用限制器和限位装置代替操纵机构。操作人员进行起重机回转、变幅、行走和吊钩升降等动作前，应发出音响信号示意。

起重机作业时，起重臂和重物下方严禁有人停留或通过；重物吊运时，严禁从人的上方通过；严禁用起重机载运人员；严禁使用起重机进行斜拉、斜吊和起吊地下埋设或凝固在地面上的重物以及其他不明重量的物体；现浇混凝土构件或模板必须在全部松动后方可起吊。

起吊载荷达到起重机额定起重量的 90% 及以上时，应先将重物吊离地面 200～500 mm，再检查起重机的稳定性、制动器的可靠性、重物的平稳性、绑扎的牢固性，确认无误后方可继续起吊。对易晃动的重物应拴好拉绳。

严禁起吊重物长时间悬挂在空中，放出钢丝绳时，应采取措施将重物降落到安全地方，关闭发动机或切断电源后进行检修。当突然停电时，应立即把所有控制器按到零位，断开电源总开关，并采取措施使重物降到地面。

在露天有六级及以上大风或大雨、大雪、大雾等恶劣天气时，应停止起重吊装作业。雨雪过后作业前，应先试吊，确认制动器灵敏可靠后方可进行作业。

（二）桩工机械

施工现场应按地基承载力不小于 83 kPa 的要求进行整平压实。在基坑和围堰内打桩，应配置足够的排水设备；打桩机作业区内应无高压线路；作业区应有明显标志或围栏，非工作人员不得进入。

桩锤在施打过程中，操作人员必须在距离桩锤中心 5 m 以外监视。严禁吊桩、吊锤、回转或行走等动作同时进行。打桩机在吊有桩和锤的情况下，操作人员不得离开岗位。

遇到雷雨、大雾和六级及以上大风等恶劣天气时，应停止一切作业。当风力超过七级或有风暴警报时，应将打桩机顺风向停置，并应增加缆风绳，或将桩立柱放倒在地面上。

1.柴油打桩锤

在打桩过程中，应有专人负责拉好曲臂上的控制绳，在意外情况下，可使用控制绳紧急停锤。在作业时，当水套的水由于蒸发而低于下汽缸吸排气口时，应及时补充，严禁无水作业。停机后，应将桩锤放到最低位置，盖上汽缸盖和吸排气孔塞子，关闭燃料阀，并将操作杆置于停机位置，起落架升至高于桩锤 1 m 处，锁住安全限位装置。

2.振动桩锤

作业前，应检查振动桩锤减振器与连接螺栓的紧固性，不得在螺栓松动或缺件的状态下启动。悬挂振动桩锤的起重机，其吊钩上必须有防松脱的保护装置。振动桩锤悬挂钢架的耳环上应加装保险钢丝绳。

3.履带式打桩机（三支点式）

履带式打桩机的安装场地应平坦、坚实，当地基承载力达不到规定的压应力时，应在履带下铺设路基箱或 30 mm 厚的钢板，其间距不得大于 300 mm。

打桩机带锤行走时，应将桩锤放至最低位。行走时，驱动轮应在尾部位置，并应有专人指挥。在斜坡上行走时，应将打桩机重心置于斜坡上方，斜坡的坡角不得大于 5°，在斜坡上不得回转。

作业后，应将桩锤放在已打入地下的桩头或地面垫板上，将操纵杆置于停机位置，起落架升至比桩锤高 1 m 的位置，锁住安全限位装置，并应使全部制动生效。

4.压桩机

静力压桩机安装地点应按施工要求进行先期处理，地面应达到 35 kPa 的平均地基承载力。安装完毕后，应对整机进行试运转，对吊桩用的起重机进行满载试吊。

在起重机吊桩进入夹持机构进行接桩或插桩作业时，应确认在压桩开始前吊钩已安全脱离桩体，起重机的起重臂下严禁站人。压桩时，应按桩机技术性能表作业，不得超载运行。操作时动作不应过猛，避免冲击。

5.强夯机

强夯机的作业场地应平整，门架底座与强夯机着地部位应保持水平，当下沉超过 10 mm 时，应重新垫高。

夯锤下落后，在吊钩尚未降至夯锤吊环附近前，操作人员不得提前下坑挂钩。从坑中提锤时，严禁挂钩人员站在锤上随锤提升。

当夯锤留有的相应的通气孔在作业中出现堵塞现象时，应随时清理，但严禁在锤下进行清理。当夯坑内有积水或因湿土产生的锤底吸附力增大时，应采取措施排除，不得强行提锤。转移夯点时，夯锤应由辅机协助转移，门架随强夯机移动前，支腿离地面高度不得超过 500 mm。

作业后，应将夯锤下降，放实在地面上。在非作业时严禁将夯锤悬挂在空中。

6.螺旋钻孔机

安装螺旋钻孔机钻杆时，应从动力头开始，逐节往下安装。不得将所需钻杆在地面上全部接好后一次起吊安装。

在钻孔过程中，当钻机发出下钻限位报警信号时，应停钻，并将钻杆稍稍提升，待报警信号解除后，方可继续下钻。在作业中，当需改变钻杆回转方向时，应待钻杆完全停转后再进行。如果出现卡钻，应立即切断电源，停止下钻，未查明原因前，不得强行启动。当机架出现摇晃、移动、偏斜或钻头内发出有节奏的响声时，应立即停钻，经处理后方可继续施钻。

钻机运转时，应防止电缆线被缠入钻杆中，这必须有专人看护。钻孔时，为了安全，严禁用手清除螺旋片中的泥土。

（三）混凝土机械

1.混凝土搅拌机

作业前，应先启动搅拌机空载运转，确认搅拌机工作正常且搅拌筒或叶片的旋转方向与筒体上箭头所示方向一致。对反转出料的搅拌机，应使搅拌筒正反转运转数分钟，并应无冲击抖动现象和异常噪声。

进料时，严禁将头或手伸入料斗与机架之间。运转中，严禁将手或工具伸入搅拌筒内扒料、出料。

在搅拌机作业中，当料斗升起时，严禁任何人在料斗下停留或通过；当需要在料斗下检修或清理料坑时，应将料斗提升后用铁链或插入销锁住。此外，还应观察机械运转情况，当有轴承升温过高等现象时，应停机检查。

工作结束后，应对搅拌机进行全面清理；当操作人员需进入筒内时，必须切断电源或卸下熔断器，锁好开关箱，挂上“禁止合闸”标牌，并安排专人在外监护，应将料斗降落到坑底。

搅拌机在场内移动、远距离运输或需升起时，应将进料斗提升到上止点，用保险铁链或插销锁住。

2.混凝土泵

泵机运转时，严禁将手或铁锹伸入料斗内或用手抓握分配阀。当需要在料斗或分配阀上工作时，应先关闭电动机和消除蓄能器压力。

泵送时，不得开启任何输送管道和液压管道；不得调整、修理正在运转的部件；不得随意调整液压系统压力；当油温超过 70 ℃时，应停止泵送，但仍应使搅拌叶片和风机运转，待降温后再继续运行。

在作业中，混凝土泵送设备和输送管线应相对固定好，并经常对泵送设备和管路进行观察，发现隐患时应及时处理，对磨损超过规定的管子、卡箍、密封圈等应及时更换。作业后，应将料斗内和管道内的混凝土全部输出，然后对泵机、料斗、管道等进行冲洗。当用压缩空气冲洗管道时，进气阀不应立即开大，只有当混凝土顺利排出时，方可将进气阀开至最大。在管道出口端前方 10 m 内严禁站人，并应用金属网篮等收集冲出的清洗球和砂石粒。

3.混凝土泵车

混凝土泵车就位地点应平坦坚实，不得停放在斜坡上。周围应无障碍物，上空无高压输电线。泵车就位后，应支起支腿并保持机身的水平稳定。

伸展布料杆应按出厂说明书的顺序进行。当用布料杆送料时，机身倾斜度不得大于 3° ，布料杆升离支架后方可回转。严禁用布料杆起吊或拖拉物件。当布料杆处于全伸状态时，不得移动车身。作业中需要移动车身时，应将上段布料杆折叠固定，移动速度不得超过 10 km/h，当风力在六级及以上时，不得使用布料杆输送混凝土。

泵送中当发现压力表上升到最高值，运转声音发生变化时，应立即停止泵送，并应采用反向运转方法排除管道堵塞，无效时，应拆管清洗。作业后，应将管道和料斗内的混凝土全部输出，然后对料斗、管道等进行冲洗。当采用压缩空气冲洗管道时，管道出口端前方的 10 m 内严禁站人。

4.振动器

插入式振动器的电缆线应满足操作所需的长度。电缆线上不得压物品或被车辆碾压，严禁用电缆线拖拉或吊挂振动器，也不得用软管拖拉电动机。

附着式振动器安装时，振动器地板安装螺孔的位置应正确，以防止底脚螺栓安装扭斜而使机壳受损。底脚螺栓应紧固，各螺栓的紧固程度应一致，安装在搅拌站料仓上的振动器应安置橡胶垫。

作业前，应对振动器进行检查和试振。振动器不得在已开始初凝的混凝土、地板、脚手架、硬的地面上进行试振。在检修或作业间断时，应断开电源。

三、施工防火安全管理

（一）施工现场防火的一般规定

①现场的消防安全工作以“预防为主、防消结合、综合治理”为方针，健全防火组织，认真落实防火安全责任制；②施工单位在编制施工组织设计时，必须包含防火安全措施内容，所采用的施工工艺、技术和材料必须符合防火安全要求；③现场要有明显的防火宣传标志，必须设置临时消防车道，保证消防车道畅通无阻；④现场应明确划分固定动火区和禁火区，施工现场动火必须严格履行动火审批程序，并采取可靠的防火安全措施，指派专人进行安全监护；⑤施工材料的存放、使用应符合防火要求，易燃易爆物品应专库储存，并有严格的防火措施；⑥现场使用的电气设备必须符合防火要求，临时用电系统必须安装过载保护装置；⑦现场使用的安全网、防尘网、保温材料等必须符合防火要求，不得使用易燃、可燃材料；⑧生活区的设置必须符合防火要求，宿舍内严禁明火取暖；⑨现场食堂用火必须符合防火要求，火点和燃料源不能在同一房间内；⑩现场应配备足够的消防器材，并应指派专人进行日常维护和管理，

确保消防设施和器材完好、有效；⑪现场应认真识别和评价潜在的火灾危险，编制防火安全应急预案，并定期组织演练。

（二）动火等级的划分

凡属下列情况之一的动火，均为一级动火：①禁火区域内；②油罐、油箱、油槽车和储存过可燃气体、易燃液体的容器及与其连接在一起的辅助设备；③各种受压设备；④危险性较大的登高焊、割作业；⑤比较密封的室内、容器内、地下室等场所；⑥堆有大量可燃和易燃物质的场所。

凡属下列情况之一的动火，均为二级动火：①在具有一定危险因素的非禁火区域内进行临时焊、割等用火作业；②小型油箱等容器；③登高焊、割等用火作业。

在非固定的、无明显危险因素的场所进行用火作业，均属三级动火作业。

（三）动火审批程序

①一级动火作业由项目负责人组织编制防火安全技术方案，填写动火申请表，报企业安全管理部门审查批准后，方可动火；②二级动火作业由项目责任工程师组织拟定防火安全技术措施，填写动火申请表，报项目安全管理部门和项目负责人审查批准后，方可动火；③三级动火作业由所在班组填写动火申请表，经项目责任工程师和项目安全管理部门审查批准后，方可动火；④动火证当日有效，如果动火地点发生变化，则需重新办理动火审批手续。

（四）灭火器的摆放

①灭火器应摆放在显眼和便于取用的地点，且不能影响到安全疏散；②灭火器应摆放稳固，其铭牌必须朝外；③手提式灭火器应使用挂钩悬挂，或摆放在托架上、灭火箱内，其顶部距地面高度应小于 1.5 m，底部离地面高度宜大

于 0.15 m；④灭火器不应摆放在潮湿或强腐蚀性的地点，必须摆放在这些地点时，应采取相应的保护措施；⑤摆放在室外的灭火器应采取相应的保护措施；⑥灭火器不得摆放在超出其使用温度范围的地点，灭火器的使用温度范围应符合相关规范的规定。

四、施工临时用电安全管理

（一）临时用电管理

1.临时用电的施工组织设计

临时用电的施工组织设计的主要内容和步骤应包括：

第一，现场勘探。

第二，确定电源进线、变电所、配电室、总配电箱、分配电箱等的位置及线路走向。

第三，进行负荷计算。

第四，选择变压器。

第五，设计配电系统，确定电器容量、导线截面和电器的类型、规格

第六，绘制电气总平面图、立面图和配电装置布置图、配电系统接线图、接地装置设计图。

第七，制定安全用电技术措施和电气防火措施。

2.专业人员

用电专业人员应做到以下几点：

第一，掌握安全用电基本知识，了解所用设备的性能。

第二，使用设备前必须按规定穿戴和配备好相应的劳动防护用品，并检查电气装置和保护设施是否完好。

第三，对于停用的设备，必须拉闸断电，锁好开关箱。

第四，负责保护所用设备的负荷线、保护零线和开关箱。

3.安全技术档案

施工现场临时用电必须建立安全技术档案，其内容应包括：

第一，临时用电工程检查验收表。

第二，修改临时用电施工组织设计的资料。

第三，技术交底资料。

第四，临时用电施工组织设计的全部资料。

第五，电气设备的试验、检验凭单和调试记录。

第六，接地电阻测定记录表。

第七，定期检（复）查表。

第八，电工维修工作记录。

（二）用电环境

工程不得在高、低压线路下方施工，搭设作业棚、生活设施和堆放构件、材料等；在架空线路一侧或上方搭设或拆除防护屏障等设施时，必须暂时停电或采取其他可靠的安全技术措施，并设专职技术或安全监护人员。

电气设备周围不得存放可能导致火灾的易燃、易爆物和导致绝缘损坏的腐蚀介质，如果已经设置，则应予以清除或作防护处置，其防护等级必须与环境条件相适应。电气设备设置场所应能避免物体打击、撞击等机械伤害。

（三）接地与防雷

接地装置的设置应考虑土壤干燥或冻结等季节变化的影响，接地电阻值在四季中均应符合要求，但防雷装置的冲击接地电阻值只考虑在雷雨季节中土壤干燥状态的影响。

1.保护接零

保护零线不得装设开关或熔断器，严禁通过工作电流且严禁断线，应单独敷设且采用绝缘导线。重复接地线应与保护零线相连接，严禁与工作零线相连。

2.接地

移动式发电机供电的用电设备，其金属外壳或底座应与发电机电源的接地装置有可靠的电气连接。移动式发电机的接地应符合固定式电气设备接地的要求。

3.防雷

安装避雷针的机械设备，所有固定的动力、控制、照明、信号及通信线路，宜采用钢管敷设。钢管与该机械设备的金属结构体应做电气连接。

施工现场的电气设备和避雷装置可利用自然接地体接地，但应保证电气连接并校验自然接地体的热稳定。若最高机械设备上的避雷针的保护范围能覆盖其他设备，且该设备最后退出现场，则其他设备可不设防雷装置。

（四）配电室及自备电源

1.配电室和配电屏（柜）

第一，配电室应靠近电源，并应设在灰尘少、潮气少、振动小、无腐蚀介质、无易燃易爆物及道路畅通的地方。配电室应能够自然通风，并应采取防止雨雪进入和防止动物出入的措施。

第二，配电屏（柜）应装设电度表，并应分路装设电流表、电压表；电流表与计费电度表不得共用一组电流互感器；应装设电源隔离开关及短路、过载、漏电保护器。

2.自备发电机组

发电机组及其控制、配电、修理等，在保证电气安全距离和满足防火要求的情况下可合并设置。发电机组电源应与外电线路电源连锁，严禁并列运行；发电机组并列运行时，必须装设同期装置并在机组同步运行后再向负载供电。

（五）配电线路

1.架空线路

架空线必须采用绝缘导线，设在专用电杆上，严禁架设在树木、脚手架及其他设施上。

架空线在一个档距内每一层导线的接头数不超过该层导线条数的 50%，且一条导线只应有一个接头。架空线在跨越铁路、公路、河流、电力线路时，档距内不得有接头。

架空线路相序排列应符合下列规定：动力、照明线在同一横担架设时，导线相序排列是面向负荷从左侧起为 L_1、N、L_2、L_3、PE；动力线、照明线在两层横担上分别架设时，导线相序排列是上层横担面向负荷从左侧起为 L_1、L_2、L_3，下层横担面向负荷从左侧起为 L_1、N、PE。

架空线路的档距不得大于 35 m；线间距离不得小于 0.3 m，靠近电杆的两根导线的间距不得小于 0.5 m。

架空线路宜采用混凝土杆或木杆。混凝土杆不得露筋，不得有宽度大于 0.4 mm 的裂纹和扭曲。木杆不得腐朽，长度不得小于 8 m，其杆径应不小于 140 mm。

电杆埋设深度宜为杆长的 1/10 加 0.7 m。回填土应分层夯实，但在松软土质处应适当加大埋设深度或采用卡盘等加固。

电杆的拉线宜采用镀锌钢丝，其截面不得小于 3 根直径为 4 mm 的钢丝'线与电杆两夹角应在 30° ～45° ，拉线埋设深度不得小于 1 m。钢筋混凝土杆上的拉线应在高于地面 2.5 m 处装设拉紧绝缘子。

因受地形环境限制不能装设拉线时，可采用撑杆代替拉线，撑杆埋深不得小于 0.8 m，其底部应垫底盘或石块。撑杆与主杆的夹角宜为 30°。

接户线在档距内不得有接头，进线处离地高度不得小于 2.5 m，接户线最小截面应符合相关规定的要求，接户线线间及与邻近线路间的距离应符合相关规定的要求。

经常过负荷的线路、易燃易爆物邻近的线路、照明线路必须有过负荷保护。

2.电缆线路

电缆类型应根据敷设方式、环境条件选择；电缆截面应根据允许载流量和允许电压损失确定。

电缆干线应采用埋地或架空敷设，严禁沿地面明设，并应避免机械损伤和介质腐蚀；电缆在室外直接埋地敷设的深度应不小于 0.7 m，并应在电缆上、下、左、右侧各均匀铺设不小于 50 mm 厚的细砂，然后覆盖砖、混凝土板等硬质保护层；电缆穿越建筑物、构筑物、道路、易受机械损伤和介质腐蚀的场所及引出地面从 2 m 高度至地下 0.2 m 处，必须加设防护套管。

埋地电缆与其附近外电电缆和管沟的平行间距不得小于 2 m、交叉间距不得小于 1 m。

埋地敷设电缆的接头应设在地面上的接线盒内，接线盒应能防水、防尘、防机械损伤，并应远离易燃、易爆、易腐蚀场所。

电缆架空敷设时，应沿支架、墙壁或电杆设置，并用绝缘子固定，严禁使用金属裸线作绑线。固定点间距应保证电缆能承受自重所带来的荷重。沿墙壁敷设时，电缆的最大弧垂距地不得小于 2 m。

在建工程内的电缆线路必须采用电缆埋地引入，严禁穿越脚手架引入。电缆垂直敷设的位置应充分利用在建工程的竖井、垂直孔洞等，并应靠近电负荷中心，固定点每楼层不得少于一处。电缆水平敷设宜沿墙或门口刚性固定，最大弧垂距地不得小于 2 m。

3.室内配线

室内配线必须采用绝缘导线或电缆，采用瓷瓶、瓷（塑料）夹、嵌绝缘槽、穿管或钢索敷设；潮湿场所或埋地非电缆配线必须穿管敷设，管口应密封。采用金属管敷设时必须做接零保护。室内非埋地明敷主干线距地面高度不得小于2.5 m。

进户线过墙应穿管保护，距地面不得小于2.5 m，并应采取防雨措施。

室内配线所用的导线截面，应根据用电设备或线路的计算负荷确定，但铝线截面应不小于2.5 mm^2，铜线截面应不小于1.5 mm^2。室内配线必须有短路保护和过载保护。

钢索配线的吊架间距不宜大于12 m。采用瓷夹固定导线时，导线间距应不小于35 mm，瓷夹间距应不大于800 mm；采用瓷瓶固定导线时，导线间距应不小于100 mm，瓷瓶间距应不大于1.5 mm；采用护套绝缘导线时，允许直接敷设于钢索上。

（六）配电箱及开关箱

1.配电箱及开关箱的设置

总配电箱应装设在靠近电源的地区，分配电箱应装设在用电设备或负荷相对集中的地区。分配电箱与开关箱的距离不得超过30 m，开关箱与其控制的固定式用电设备的水平距离不宜超过3 m。配电箱、开关箱应装设在干燥、通风、常温的场所，不得装设在有严重损伤作用的瓦斯、烟气、蒸汽、液体及其他有害介质中，不得装设在易受外来固体物撞击、强烈振动、液体喷溅及热源烘烤的场所。否则，须作特殊防护处理。

配电箱、开关箱周围应有足够两个人同时工作的空间和通道，不得堆放任何妨碍操作、维修的物品；不得有灌木、杂草。

配电箱、开关箱应采用钢板或优质阻燃绝缘材料制作，钢板的厚度应为1.2～2.0 mm，其中开关箱箱体钢板厚度不得小于1.2 mm，配电箱箱体钢板厚度不得小于1.5 mm，箱体表面应做防腐处理。

配电箱、开关箱应装设端正、牢固。移动式配电箱、开关箱应装设在坚固的支架上，固定式配电箱、开关箱的下底与地面的垂直距离应为1.4～1.6 m。

配电箱、开关箱内的电器必须可靠、完好，不能使用破损、不合格的电器。

总配电箱的电器应具有电源隔离、正常接通与分断电路，以及短路、过载、漏电保护等功能。各种开关电器的额定值和动作整定值应与其控制用电设备的额定值和特性相适应。

每台用电设备应有其专用的开关箱，必须实行“一机一闸”制，严禁用同一个开关箱直接控制2台或2台以上的用电设备（含插座）。

配电箱、开关箱外形结构应能防雨、防尘。进入开关箱的电源线，严禁用插头和插座做连接。

2.配电箱及开关箱的使用与维护

配电箱、开关箱均应标明其名称、用途，并作出分路标记及系统接线图；配电箱、开关箱门应配锁，并由专人负责；施工现场停止作业1 h以上时，应将动力开关箱断电上锁。

所有配电箱、开关箱必须按照下述顺序进行操作：①送电操作顺序，即总配电箱—分配电箱—开关箱；②停电操作顺序，即开关箱—分配电箱—总配电箱（出现电气故障的紧急情况除外）。

配电箱、开关箱不得随意挂接其他用电设备，电器配置和接线严禁随意改动，进线和出线不得承受外力。

配电箱、开关箱应有专业人员定期检查和维修，检查、维修人员必须是专业电工，检查、维修时必须按规定穿戴绝缘鞋、手套，使用电工绝缘工具，并做好检查、维修工作记录。维修时，必须将其前一级相应的电源隔离开关分闸断电，并悬挂停电标志牌，严禁带电作业。

（七）照明

在坑、洞、井内作业，夜间施工或厂房、料具堆放场、道路、仓库及自然采光差的场所等，应设一般照明、局部照明或混合照明。在一个工作场所内，不得只装设局部照明。

室外 220 V 灯具距地面不得低于 3 m，室内 220 V 灯具距地面不得低于 2.5 m。照明灯具的金属外壳必须做接零保护。单相回路的照明开关箱（板）内必须装设隔离开关、短路与过载保护电器和漏电保护器。此外，为了安全还必须装设自备电源的应急照明。

现场照明应采用高光效、长寿命的照明光源。对需要大面积照明的场所，应采用高压汞灯、高压钠灯或混光用的卤钨灯等。照明器具和器材的质量均应符合国家现行有关强制性标准的规定，不得使用绝缘老化或破损的器具和器材。

照明器应按环境条件来选择。例如：在潮湿的场所，应选用密闭型防水防尘照明器或配有防水灯头的开启式照明器；在含有大量尘埃但无爆炸和火灾危险的场所，应采用防尘型照明器；在有爆炸和火灾危险的场所，应根据危险场所的等级选择相应的照明器；在振动较大的场所，应选用防振型照明器；在有酸、碱等强腐蚀的场所，应采用耐酸碱型照明器。

一般场所宜选用额定电压为 220 V 的照明器。在有高温、导电灰尘或灯具距地面低于 2.5 m 的场所的照明器，电源电压应不大于 36 V；在潮湿和易触及带电体的场所的照明器，电源电压不得大于 24 V；在特别潮湿的场所、导电良好的地面、锅炉或金属容器内工作的照明器，电源电压不得大于 12 V。

照明变压器必须使用双绕组型安全隔离变压器，严禁使用自耦变压器。

参考文献

［1］曹铁云. 建筑智能化工程管理技术及应用探析［J］. 工程与建设，2022，36（5）：1530-1532.

［2］常勇. 装配式建筑智能化技术在工程施工管理中的应用［J］. 工程技术研究，2021，6（19）：257-259.

［3］陈丽娟. 智能化技术在建筑工程造价中的应用［J］. 中国招标，2022（9）：125-127.

［4］崔广. 新时期背景下建筑工程管理方法的智能化应用路径研究［J］. 电脑校园，2019（1）：4234-4235.

［5］丁玲. 建筑智能化工程的施工技术要点分析［J］. 科技创新与应用，2021，11（26）：149-151.

［6］高淦斌. 建筑智能化工程管理技术及应用探析［J］. 居业，2021（11）：173-174.

［7］高峻. 建筑智能化工程全过程造价控制研究［J］. 城市建筑，2021，18（21）：184-186.

［8］龚诚宫. 建筑工程施工质量验收探讨［J］. 工程技术研究，2017（1）：149，151.

［9］古庆利，关鹏程. BIM 技术在建筑建设智能化工程中的应用［J］. 中国设备工程，2021（6）：25-26.

［10］谷菲. BIM 技术在建筑建设智能化工程中的应用［J］. 科技创新与应用，2020（32）：178-179.

［11］管亮. 建筑智能化工程管理技术的应用研究［J］. 住宅与房地产，2020

（36）：119-120.

［12］韩亚兵. 建筑智能化工程施工质量问题研究［J］. 中国设备工程，2022（6）：42-43.

［13］洪建谦. 建筑智能化技术在建筑给排水工程中的应用［J］. 四川水泥，2021（9）：213-214.

［14］胡玉铭. 浅谈建筑智能化工程项目施工管理要点［J］. 居业，2021（9）：178-179.

［15］黄薪颖. 建筑工程安全管理成熟度模型及评价研究［D］. 兰州：兰州交通大学，2017.

［16］姜孝田. 建筑智能化工程施工质量问题及应对措施［J］. 工程技术研究，2022，7（13）：130-132.

［17］蒋瀚卿. 建筑电气工程智能化施工管理技术分析［J］. 智能建筑与智慧城市，2021（9）：132-133.

［18］李博. 建筑工程智能化机电设备安装的可行性探究［J］. 甘肃科技，2022，38（17）：5-7，32.

［19］李国祥. 建筑智能化工程管理技术的应用研究［J］. 建材发展导向，2020，18（20）：104-105.

［20］李榕钦. BIM 技术在建筑建设智能化工程中的应用［J］. 新型工业化，2020，10（10）：90-91.

［21］李雯. 浅析新时期建筑工程管理方法的智能化应用［J］. 居舍，2022（14）：120-122.

［22］厉祥. 建筑智能化工程管理技术的应用研究［J］. 农家参谋，2020（9）：108.

［23］梁家欣. 建筑智能化工程管理技术应用［J］. 建筑技术开发，2020，47（21）：79-80.

［24］林祖涵. 建筑工程智能化机电设备安装现状及优化措施［J］. 江西建材，

2020（7）：138，140.

[25] 刘立慧，袁永. 建筑给排水工程中智能化技术的应用[J]. 中国建设信息化，2022（14）：60-61.

[26] 罗娴静. 智能化工程管理技术在建筑工程管理中的应用[J]. 大众标准化，2022（21）：91-93.

[27] 马博. 装配式建筑智能化技术在工程施工管理中的应用[J]. 佛山陶瓷，2022，32（12）：72-74.

[28] 马中芳. 建筑给排水工程中智能化技术的应用研究[J]. 中国建筑装饰装修，2021（9）：92-93.

[29] 满兴旺. 浅谈建筑智能化工程施工质量问题及对策[J]. 居舍，2020（21）：134-135.

[30] 潘嘉. 浅谈绿色建筑施工技术质量控制措施[J]. 房地产世界，2022（7）：119-121.

[31] 潘卫国. 探究建筑智能化工程项目施工管理关键点[J]. 砖瓦，2022（5）：131-133.

[32] 潘迎辉. 建筑智能化系统工程项目集成管理分析[J]. 住宅与房地产，2020（24）：150.

[33] 齐博. 建筑工程中智能化电气工程技术分析[J]. 当代化工研究，2020（23）：61-62.

[34] 沈丹. 建筑智能化工程施工质量问题及对策[J]. 住宅与房地产，2020（29）：99，103.

[35] 苏超杰. 建筑智能化系统工程的应用分析[J]. 科技创新与生产力，2021（7）：82-84.

[36] 谭俊. 建筑智能化系统在工程中的应用[J]. 智能城市，2021，7（21）：161-162.

[37] 王学君. 建筑智能化工程管理技术的应用研究[J]. 大众标准化，2021

（19）：66-67，70.
[38] 魏光磊. 建筑智能化工程施工中质量通病及控制对策分析[J]. 中国建筑装饰装修，2022（24）：174-176.
[39] 吴浩. 论新时代下建筑智能化工程项目管理[J]. 房地产世界，2021（9）：113-114，117.
[40] 吴纪飞. 装配式建筑智能化施工技术在建筑工程施工管理中的应用[J]. 智能建筑与智慧城市，2021（11）：105-106.
[41] 吴家胜. 浅谈建筑智能化工程施工质量问题及应对措施[J]. 居舍，2020（14）：117.
[42] 吴鹏飞. 建筑工程智能化技术应用[J]. 智能城市，2022，8（10）：94-96.
[43] 吴小亮. 建筑工程施工质量验收规范体系的划分研究[D]. 合肥：安徽建筑大学，2016.
[44] 谢章安. 建筑智能化工程管理技术及应用探究[J]. 江西建材，2020（6）：172-173.
[45] 闫海涛. 建筑智能化工程施工质量问题研究[J]. 居业，2020（11）：152-153.
[46] 晏小欢. BIM 技术在建筑智能化工程中的应用[J]. 居舍，2021（6）：73-74.
[47] 詹培军. 建筑智能化工程管理技术的分析与运用[J]. 居舍，2021（27）：87-88，92.
[48] 张奥列. 信息时代下建筑智能化系统设计及工程应用研究[J]. 中国设备工程，2021（13）：29-30.
[49] 张金. 浅谈建筑智能化工程管理技术应用[J]. 四川建材，2021，47（5）：202，209.
[50] 张进，张祥波. 建筑智能化系统工程施工质量问题及对策研究[J]. 智能建筑与智慧城市，2022（11）：156-158.

[51] 张日钊，马一琛，刘民. 建筑智能化工程施工中的质量通病及管控策略[J]. 智能城市，2021，7（24）：88-89.

[52] 张一叶. 高层智能建筑消防自动化系统实现[J]. 数字技术与应用，2022，40（10）：225-227

[53] 赵小勇. 建筑智能化工程管理问题及技术应用研究[J]. 中小企业管理与科技（中旬刊），2020（9）：186-187.

[54] 邹志君. 如何提升 BIM 在建筑智能化工程施工中的管理水平[J]. 居业，2022（5）：161-163.